普 通 高 等 教 育 "十 三 五" 规 划 教 材

啤酒工艺学

宗绪岩　主编

化学工业出版社

·北京·

本书重点介绍了啤酒生产工艺的基本过程，全书共分 8 章，包括绪论、酿造原料、麦芽汁制备、啤酒酿造、啤酒过滤、啤酒包装、啤酒稳定技术、啤酒生产的废水处理和副产物利用。内容编排上注重理论与实践紧密结合，应用性较强。

本书可供高等学校酿酒专业师生及相关领域的科技人员使用。

图书在版编目(CIP)数据

啤酒工艺学/宗绪岩主编. —北京：化学工业出版社，2016.7（2020.1重印）
普通高等教育"十三五"规划教材
ISBN 978-7-122-27110-5

Ⅰ.①啤… Ⅱ.①宗… Ⅲ.①啤酒-生产工艺-高等学校-教材 Ⅳ.①TS262.5

中国版本图书馆 CIP 数据核字（2016）第 108668 号

责任编辑：魏 巍 赵玉清　　　　　　　　　文字编辑：周 倜
责任校对：王素芹　　　　　　　　　　　　装帧设计：关 飞

出版发行：化学工业出版社（北京市东城区青年湖南街 13 号　邮政编码 100011）
印　　装：三河市延风印装有限公司
710mm×1000mm　1/16　印张 10¾　字数 204 千字　2020 年 1 月北京第 1 版第 3 次印刷

购书咨询：010-64518888　　　　　　　　　售后服务：010-64518899
网　　址：http://www.cip.com.cn
凡购买本书，如有缺损质量问题，本社销售中心负责调换。

定　　价：28.00 元　　　　　　　　　　　　　　版权所有　违者必究

《啤酒工艺学》编写人员名单

主　编　宗绪岩

副主编　李　丽　罗惠波　段　辉

编　者　（以姓名笔画为序）

　　　　　卫春会　包善洪　边名鸿　李　丽

　　　　　何东康　罗惠波　宗绪岩　段　辉

　　　　　郭海艇　黄治国

前 言

啤酒是以大麦芽、酒花、水为主要原料，经酵母发酵酿制而成的饱含二氧化碳的低酒精度酒，被称为"液体面包"，是一种低浓度酒精饮料。啤酒是排在水和茶之后的世界消耗量排名第三的饮料。啤酒于 20 世纪初传入中国，属外来酒种。但随着中国啤酒行业的发展，截至 2015 年中国啤酒产量已连续 12 年位居全球首位，并拉动全球总产量连续 29 年刷新最高纪录。国家统计局数据显示，2015 年我国啤酒产量为 506.15 亿升。

本书将学术、理论知识同啤酒企业的实际生产相结合，力求达到理论与实践紧密结合，以培养学生的综合应用能力。本书共八章，按照生产流程顺序着重介绍了啤酒的背景、酿造原料、麦芽汁制备、啤酒酿造、啤酒过滤、啤酒包装、啤酒稳定技术及啤酒生产的废水处理和副产物利用，实际参考性和操作性较强，可提升学生的学习兴趣，培养学生学以致用的能力，增强教材的实用性和趣味性。内容编排上，在借鉴国外资料的同时，也十分关注国内行业的发展和需求，增加了很多啤酒行业正在使用的技术和一些关注的焦点问题。

本书的出版获四川理工学院教材建设基金资助。参与本教材编写的人员不仅有高校多年从事酒类教学的老师，还有企业多年从事生产管理的一线人员。本书由宗绪岩、李丽、罗惠波、段辉等编写，宗绪岩任主编，由李丽负责对全书进行整理和校对，宗绪岩负责对全书进行修改和定稿，华润雪花啤酒（中国）有限公司的段辉、郭海艇、何东康、包善洪负责本书中设备和生产实例的编写。同时也感谢刁冲在全书的整理和校对过程中所做的大量工作。

本书在编写过程中，得到了很多同仁的关心和指导，在此向他们表示衷心的感谢！

由于编者水平有限，书中不足之处在所难免，恳请读者予以批评指正。

编者
2016 年 4 月

目 录

第三章　麦芽汁制备 / 36

第四章　啤酒酿造 / 82

第五章　啤酒过滤 / 105

第六章　啤酒包装 / 121

第七章　啤酒稳定技术 / 132

第一章　绪　论

啤酒是以麦芽（包括特种麦芽）为主要原料，以大米或其他谷物为辅助原料，经麦芽汁的制备、加酒花煮沸，并经酵母发酵酿制而成的，含有二氧化碳、起泡的、低酒精度（2.5%～7.5%）的各类熟鲜含酒精饮料。但在德国则禁止使用辅料，所以典型的德国啤酒，只利用大麦芽、啤酒花、酵母和水酿制而成。小麦啤酒则是以小麦为主要原料酿制而成的。而广义的说法为啤酒是以发芽的大麦或小麦，有时添加生大麦或其他谷物，利用酶工程制取谷物提取液，加入啤酒花进行煮沸，并添加酵母发酵而制成的一种含有二氧化碳、低酒精度的饮料。

啤酒是我国发展最快的酒类，随着啤酒工业迅猛发展，啤酒生产所用麦芽的价格不断上涨，造成生产成本大大提高；同时，啤酒生产也受到麦芽的糖化力、麦芽汁的黏度和发酵度等因素不同程度的制约。为了降低生产成本、提高产量和稳定品质，在啤酒酿造中采用提高辅料比和外加酶制剂相结合的生产新工艺，正日益受到世界各国啤酒行业的重视。

啤酒工艺学是酿酒工艺学的特殊部分，是研究啤酒酿造历史文化、原辅料特性、酿造工艺、酿造设备、啤酒质量、啤酒品种开发的一门科学。啤酒工艺学与生物学、食品化学、生物化学、微生物学、啤酒原料学等有密切的关系。啤酒工艺学依赖上述学科及其他相关学科的知识研究啤酒酿造工艺的改进和提高，以便更好地提高啤酒质量、开发新品种、降低生产成本、减轻劳动强度以及利于环境友好，使产品更加营养和健康。

第一节　啤酒工业简史及发展状况

啤酒工业的发展与人类的文化和生活有着密切关系，具有悠久的历史。啤酒大约起源于古代的巴比伦和亚述地带，幼发拉底河、底格里斯河流域、尼罗河下游和九曲黄河之滨，以后传入欧美及东亚等地。

大约4000多年前居住在两河流域地区的苏美尔人已懂得酿制啤酒，而且当时啤酒的消耗量很大，苏美尔人收藏粮食的一半都用来发麦芽，然后酿制啤酒。

举行葬礼时大家通常聚在一起饮酒，人们当时就已懂得饮啤酒能给人带来欢乐。啤酒和面包通常被作为报酬付给牧师。但早期的啤酒与现在还较大的差异，啤酒中含有谷皮等许多浑浊物质，因此古代的叙利亚人和埃及人总是用小吸管来饮，这种情形在柏林地质博物馆埃及部分展出的石灰岩壁画上可以看到。

巴黎卢浮宫竖立着一块超过2m高的墨绿色石柱，上面用小字密密麻麻地刻着3700年以前的著名的汉谟拉比法典。在这部最早的法典里，巴比伦国王汉谟拉比制定了关于啤酒酿造和饮啤酒的法规。其中规定对那些在啤酒中掺水出售的人，要罚他喝自己出售的啤酒直至窒息而死。并禁止在小酒馆里讨论政治问题。在德国斯图加特士瓦本啤酒厂的博物馆里，人们也能看到这根石柱的复制品。

通过希腊人和罗马人，啤酒最终传到了中欧，早期的日耳曼人已能酿制味道很好的啤酒，他们把各种能用到的东西都作为啤酒的香料，如橡树皮、白蜡树叶、公牛胆汁等。当第一个修道士来到日耳曼时，啤酒并没有发生本质的变化。786年时则有了一个明显的进步，啤酒花第一次被用于啤酒酿制。修道士在他们的私人家庭啤酒厂里通过试验获得了经验，并用文字记载流传下来，修道院啤酒的质量通过啤酒花得到了改善。他们酿制出质地优良、味道浓烈的啤酒，有着"液体面包"的美誉。

古代的啤酒生产纯属家庭作坊式，它是微生物工业起源之一。著名的科学家路易·巴斯德（Louis Pasteur）和汉逊（Hansen）都长期从事过啤酒生产的实践工作，对啤酒工业作出了极大贡献。尤其路易·巴斯德发明了灭菌技术，为啤酒生产技术工业化奠定了基础。1878年汉逊及耶尔逊确立了酵母的纯粹培养和分离技术后，对控制啤酒生产的质量和保证工业化生产作出了极大贡献。

18世纪后期，因欧洲资产阶级的兴起和受产业革命的影响，科学技术得到了迅速发展，啤酒工业从手工业生产方式跨进了大规模机械化生产的轨道。

我国古代的原始啤酒可能也有4000～5000年的历史，但是市场消费的啤酒是到19世纪末随着帝国主义的经济侵略而进入的，在中国建立最早的啤酒厂是1900年由沙皇俄国在哈尔滨八王子建立的乌卢布列夫斯基啤酒厂，即现在的哈尔滨啤酒有限公司的前身；此后五年时间里，俄国、德国、捷克分别在哈尔滨建立另外三家啤酒厂；1903年英国和德国商人在青岛开办英德酿酒有限公司，生产能力为2000t，就是现在青岛啤酒有限公司的前身；1904年又在哈尔滨出现了中国人自己开办的啤酒厂——东北三省啤酒厂；1910年在上海建立了啤酒生产厂，即上海啤酒厂的前身；1914年哈尔滨又建起了五洲啤酒汽水厂，同年又在北京建立了双合盛五星啤酒厂；1920年在山东烟台建立了胶东醴泉啤酒工厂（烟台啤酒厂的前身），同年，上海又建立了奈维亚啤酒厂；1934年广州出现了五羊啤酒厂（广州啤酒厂的前身）；1935年，日本又在沈阳建厂，即现在沈阳华润雪花啤酒有限公司的前身；1941年在北京又建起了北京啤酒厂。

至新中国成立前期，我国啤酒工业属于萌芽时期，啤酒工厂主要分布于沿海、沿江地区，规模又非常狭小，原料依赖进口，生产技术又完全掌握在外国专家手中，发展极其缓慢，啤酒总产量只有7000吨。

新中国成立后50年我国的啤酒发展分成三个发展阶段。

1. 整顿发展时期约30年

从新中国成立初期7000t到1979年发展为40万吨，从东到西，从南到北，从沿海到内地，调整布局，分属轻、商、农、乡镇几十个行业，约建立了90多个工厂。1958年结束了不能生产酒花的历史，制麦、浸麦、麦芽等大宗设备都有了改观，自动化程度也有了提高；糖化、分离、麦汁冷却和发酵时间都采用新的技术和设备，建立了酿造设备专业制造厂。同时成立了轻工中等专业学校和轻工高等院校。但5万吨规模的啤酒厂全国仅有1～2家，购买啤酒难的问题仍未得到解决。

2. 高速发展时期

国家在政策上把发展啤酒放在酒类的第一位，银行贷款向啤酒业倾斜，新增利税可以还贷，在原料选购上打破了计划统销的限制，可以自行采购，在销售上打破烟酒公司专卖限制，可以自销，扩大了销售渠道，价格随行就市。这些政策，在"六五"、"七五"期间，为啤酒工业的高速发展创造了有利条件。

1985年，由中国人民建设银行、国家计委和原轻工业部共同发起和实施了"啤酒专项工程"，建设银行拿出8亿元，包括地方自筹共26亿元，在全国对72个啤酒厂和麦芽厂进行高水平建设和改造；在设备上，国家投资2000万美元，进行引进、消化和吸收国外先进设备和配套工作，实施"啤酒设备一条龙"工程，这些措施进一步为扩大啤酒产量，采用先进的啤酒设备起到了促进作用。到1990年啤酒生产能力达到700万吨，10万吨以上的啤酒企业达10家以上，年增长速度达30%，跃居世界啤酒产量的第三位（美国2300万吨，德国1200万吨）。此发展速度在世界啤酒发展历史上是绝无仅有的。

引进的啤酒设备，不少企业已达到20世纪70～80年代国际较先进的水平。在麦芽粉碎、糖化设备规模及糖化次数、糖化技术方面都有了空前的提高，特别是露天大罐的发酵技术的使用，在啤酒工业工艺上是一次极为深刻的变革。过滤、灌装、装卸箱设备和技术都得到普遍提高，品种增加，国内外啤酒技术交流和考察活动促进了啤酒工业进一步发展。中国啤酒工业的发展在世界上也是一个创举。

3. 市场经济变革时期

进入20世纪90年代，啤酒工业发展速度放慢，国家提出"稳步发展，提高质量，以经济效益为中心"的方针政策，由于基数较大，实际年增长100万吨以上，1993年达到1225.6万吨，超过德国，成为世界上第二大啤酒生产大国，

1998 年达 1987.6 万吨，1999 年达 2000 万吨，人均消费达 17L，为世界人均消费的 66%。至此，买啤酒难变为卖啤酒难，从而产生了市场竞争，啤酒工业进入了一个靠实力、靠品牌、靠规模、靠效益，通过市场竞争求发展的重要阶段。

第二节 啤酒工业现状及发展趋势

一、啤酒工业现状

综观仅有百年历史的中国啤酒工业，可以发现在改革开放以后涌现出了一大批具有品牌、技术、装备、管理等综合优势的优秀企业，如"青啤"、"燕京"、"华润"、"哈啤"、"珠江"、"重啤"、"惠泉"、"金星"等国际和国内的知名企业。由于啤酒的运输、保鲜等行业特点，加之地方保护主义作祟，中国啤酒工业形成了企业各自为大的不利于行业发展的局面。纵然中国啤酒产量已突破 2500 万吨，位居世界第一；纵然已有四家中国啤酒集团的年产量超过 100 万吨，但与国际啤酒大国及啤酒发达国家相比，在集团化、规模化、质量、效益、品牌等方面我们均还比较落后。虽然"青啤"、"华润"、"燕京"等已开始踏上集团化、规模化道路，但在质量、效益等方面与国际品牌尚有一定差距。

① 我国啤酒厂的企业规模逐渐由普遍偏小，向大规模、集团化发展，行业经济效益逐渐转好。由于之前行业里不合理企业规模偏多，达不到啤酒生产应有的经济规模，通过淘汰、收购、合资等形式现在国内已经逐渐形成几家独大的形势。

② 技术经济指标同世界先进技术相比，还存在一定差距。在防止跑、冒、滴、漏、废水再循环使用、煮沸二次蒸汽的回收、热能回收、改蒸汽发生炉为高压热水炉、全厂计算机控制等方面与世界啤酒发达国家相比均具有较大的差距，对技术经济指标必然要产生一定影响。虽然我国引进了不少先进设备，学习了不少国外的管理技术，为提高技术经济指标创造了一定条件，但由于管理体制、管理水平、人员素质等各方面的原因，还未能有效提高技术经济指标。

③ 机械装备水平不高。一些啤酒生产企业由于建厂时条件所限，设备陈旧、老化，生产能力不足，自动化程度不高，工艺落后。又由于缺乏资金，不能添置新的仪器与设备，更无法进行扩建。啤酒行业又不属于国家的基本建设范畴，因而得不到政策上的支持，多数啤酒企业只能依靠自身的力量和地方政府的支援筹集资金改变现状。所以发展较慢，与先进的啤酒生产企业相比，尚有较大的差距。

④ 科研水平不高。随着啤酒工业的发展，我国啤酒生产技术水平显著提高，国内大多数啤酒生产企业都能掌握和应用，但是研究水平和技术储备水平较低，

新的超前课题很少，这同科研经费短缺和国家安排科研项目投入计划有关，而企业在这方面的投入也非常少，因而严重影响了高水平较长远课题的研究工作。这一现象虽说是符合我国啤酒生产发展的特定时期，但对啤酒的稳定与良性发展不利。

⑤ 环保问题亟待解决。目前在国内，对废气、废渣以及噪声的污染还没有引起人们足够的重视，如煮沸时排放废气，工厂瓶装车间、压缩机等产生噪声，碎瓶、废瓶再制瓶等的有效治理还未得到重视和应用。而国外一些啤酒厂则对公众开放，让公众监督啤酒厂的环境、卫生管理，认识到环保是为了企业更好地发展，明确界定环保问题已成为人们生活中迫切需要解决的重要问题。现在，我国大、中型啤酒企业也开始治理污染，主要进行废水污染的处理，但与国际水平相比仍有很大差距。

中国啤酒业已逐渐呈现三足鼎立的新局面。中国啤酒市场正在经历从完全竞争市场到寡头竞争市场，从分散市场到统一市场的变化。上述的转化在美国用了30 年的时间，在中国预计要用 10～20 年的时间来完成，这一进程的长短取决于各方面的配合，如基础设施建设，运输状况，啤酒口味的统一，全国性品牌的形成和行业集中度的提高。

二、发展趋势

近三十年来，我国啤酒行业已取得巨大的发展，2009 年我国啤酒销量为 $4236×10^4$ 千升，较 1980 年增长 80 多倍；啤酒行业的销售收入为 1200 亿元，较 1980 年增长 200 多倍，并且我国啤酒产量已连续八年稳居世界首位。那么未来啤酒行业将会如何发展，是行业主管部门、企业本身及投资者普遍关心的问题，未来啤酒行业将会呈现总量继续保持稳定增长、行业集中度进一步提高、行业利润水平逐步提升等三大趋势。

在未来几年里，我国啤酒行业具有的发展趋势如下。

① 我国啤酒市场竞争会更加激烈；市场竞争趋于规范化，市场竞争由价格竞争转向品牌竞争和服务竞争。效益成为企业最终的追求目标。

② 整个行业逐步进入成熟期，行业内的整合速度进一步加快，整合过程规范化。企业向集团化、规模化发展，股份制优势更加明显。啤酒企业以收购、兼并等不同方式进行规模扩张。目前国内较有实力、年产量 40 万吨以上的啤酒集团有 12 个（包括中外合资外方控股集团），其产量已占全国总产量的 40% 以上。这些集团将主导中国啤酒行业的发展。大啤酒企业集团的地位进一步巩固，有望出现寡头垄断的局面。

③ 啤酒企业的品牌意识增强，更加注重品牌战略的实施，市场对名牌产品的需求增加。企业的市场竞争能力增强，重视企业内部核心能力的培养。

④ 在市场营销中，广告的投入量加大，包装形式多样化，营销方式多样化。

⑤ 产品特点：首先，啤酒品种更加多样化、功能更加齐全。新品趋向特色型、风味型、轻快型、保健型、清爽型等。具备不同功能的啤酒将满足不同年龄阶段、不同层次、不同类别的消费者需要。其次，消费需求转向低度化、清爽型的啤酒，以淡味、淡色啤酒为主体的基础上，将培育浓醇型啤酒、高浓度啤酒和真正的特殊风味啤酒等。纯生啤酒具有较大的发展空间。

⑥ 先进的技术和设备在啤酒生产中被广泛应用，随着国内外技术交流的加快，国外啤酒生产中应用的成熟技术几乎都在中国落户。纯生啤酒生产技术、膜过滤技术、微生物检测和控制技术、糖浆辅料的使用、PET 包装的应用、啤酒错流过滤技术及 ISO 管理模式将在啤酒生产中继续应用推广，啤酒质量将得到明显提高。

第三节　啤酒的主要成分及营养价值

一、啤酒的主要成分

啤酒是一种营养丰富的低酒精度的饮料酒。其化学成分比较复杂，也很难得出一个平均值，因为它随原料配比、酒花用量、麦芽汁浓度、糖化条件、酵母菌种、发酵条件以及糖化用水等诸多因素的变化而变化。但其主要成分，以 12°P 啤酒为例：实际浓度为 $4.0\%\sim4.5\%$，其中 80% 为糖类物质、$8\%\sim10\%$ 为含氮物质、$3\%\sim4\%$ 为矿物质。此外，还含有 12 种维生素（尤其是维生素 B_1、维生素 B_2 等 B 族维生素含量较多）、有机酸、酒花油、苦味物质和 CO_2 等；含有 17 种氨基酸（其中 8 种必需氨基酸分别为亮氨酸、异亮氨酸、苯丙氨酸、缬氨酸、苏氨酸、赖氨酸、蛋氨酸和色氨酸）；还含有钙、磷、钾、钠、镁等无机盐，各种微量元素以及啤酒中的各种风味物质。1L 12°P 啤酒产生的热量达 1779kJ，可与 250g 面包、5~6 个鸡蛋、500g 马铃薯或 0.75L 牛奶产生的热量相当，故有"液体面包"之美称。并于 1972 年 7 月在墨西哥召开的第九届"国际营养食品会议"上，被正式推荐为营养食品。此外，啤酒具有利尿、促进胃液分泌、缓解紧张及治疗结石的作用。适当饮用啤酒可以提高肝脏解毒作用，对冠心病、高血压、糖尿病和血脉不畅等均有一定效果。啤酒中丰富的二氧化碳和酸度、苦味，具有生津止渴、消暑、帮助消化、消除疲劳、增进食欲的功能。

适量饮酒，可引起兴奋，使皮肤血管扩张，产生温暖感。但若经常过量饮用，还会使人腹部发胖，出现俗称的"啤酒肚"；过量饮用啤酒还会使血液中的液体量增多，加大心脏负担。因此，高血压、冠心病患者应忌饮，肥胖病和糖尿病患者可少饮干啤酒。酒量的大小，因人而异，主要是乙醇氧化的中间产物——乙醛，会刺激人体产生恶心甚至呕吐。

二、啤酒的营养价值

1. 啤酒中的糖类

每升啤酒中一般含有 50g 糖类，它们是原料中的淀粉在麦芽酶促条件下水解形成的产物。水解完全部分，如葡萄糖、麦芽糖、麦芽三糖，在发酵中被酵母转变成酒精；水解不太彻底的称为低聚糊精，而且大多是支链寡糖，它不会引起人们血糖增加和龋齿病。这些支链寡糖可被肠道中有益于健康的肠道微生物如双歧杆菌利用，这些微生物的繁殖可以提供人们维生素，并协助清理肠道。

2. 啤酒中的蛋白质

每升啤酒约有 3.5g 蛋白质的水解产物——肽和氨基酸，而且它几乎 100% 可以被人消化吸收和利用。啤酒中碳水化合物和蛋白质的比例约在 15∶1，最符合人类的营养平衡。

3. 啤酒从原料和优良酿造水中得到矿物质

① 每升啤酒含有 20mg 的钠和 80～100mg 的钾，钠钾比为 1∶（4～5）。钠高吸入量是引起人类高血压的重要原因。啤酒是低钠饮料，啤酒中 1∶（4～5）的钠钾比有助于人们保持细胞内外的渗透压平衡，也非常有利于人们解渴和利尿。

② 每升啤酒中约含有 40mg 的钙和 100mg 的镁，钙是人体骨骼生长的必需离子。镁是人体代谢系统中酶作用的重要辅基，啤酒中的镁含量足够提供人们的每日需要。

③ 每升啤酒中含有 0.2～0.4mg 的锌，锌离子通常处于络合态，有利于人体的吸收。锌是人体中酶的重要辅基，也有利于人体的骨骼生长。每升啤酒中的锌足够人们的日常需要。

④ 现代人重视硅的摄入，某些优质矿泉水因为含有偏硅酸而受到人们的喜爱。大自然中存在的硅大多属 SiO_2，啤酒中来自原料和水质中的硅也以 SiO_2 的形式存在，但通过发酵多数变为 H_2SiO_3，更有利于人体的吸收。人们已经认识到：一定含量的硅元素有利于保持骨骼的健康，硅的其他作用还在研究之中。每升啤酒含有 50～150mg 的硅。

4. 啤酒中的维生素

啤酒从原料和酵母代谢中得到丰富的水溶性维生素，每升啤酒中含有维生素 B_1 0.10～0.15mg，维生素 B_2 0.5～1.3mg，维生素 B_6 0.5～1.5mg，烟酰胺 5～20mg，泛酸 0.5～1.2mg，维生素 H 0.02mg，胆碱 100～200mg，叶酸 0.1～0.2mg。特别是叶酸，它有助于降低人们血液中的高半胱氨酸含量，血液中高半胱氨酸会诱发人类的心脏病。

5. 啤酒中的抗衰老物质

现代医学研究发现，人体中代谢产物——超氧离子和氧自由基的积累，会引发人类的心血管病、癌症和促进人们的衰老。人们应从食物中多吸收一些抗氧化物质，协助解除这些氧自由基对人类的毒害。啤酒中存在多类抗氧化基，从原料麦芽和酒花中得到的多酚和类黄酮、在酿造过程中形成的还原酮和类黑精、酵母分泌的谷胱甘肽等都是协助消除氧自由基积累的最好的还原物质。特别是多酚中酚酸、香草酸和阿魏酸，它们可以保护对人体有益的低密度脂蛋白（LDL）避免受到氧化，LDL氧化是导致心血管病的重要原因，啤酒中阿魏酸虽然只有番茄中含量的1/10，但它的吸收率却比其高12倍。

谷胱甘肽由于具有—SH，可消除氧自由基。酵母能分泌谷胱甘肽10～15mg/L，啤酒酵母可达到35～56mg/L，谷胱甘肽是人们公认的延缓衰老的有效物质。

第四节　啤酒分类

啤酒是当今世界各国销量最大的低酒精度饮料，品种很多，一般可根据生产方式、产品浓度、啤酒的色泽、啤酒的消费对象、啤酒的包装容器、啤酒发酵所用的酵母品种进行分类。

1. 按啤酒色泽分类

（1）淡色啤酒　淡色啤酒的色度在3～14EBC单位。色度在7EBC单位以下的为淡黄色啤酒；色度在7～10EBC单位的为金黄色啤酒；色度在10EBC单位以上的为棕黄色啤酒。其口感特点是：酒花香味突出，口味爽快、醇和。

（2）浓色啤酒　浓色啤酒的色度在15～40EBC单位。颜色呈红棕色或红褐色。色度在15～25EBC单位的为棕色啤酒；25～35EBC单位的为红棕色啤酒；35～40EBC单位的红褐色啤酒。其口感特点是：麦芽香味突出，口味醇厚，苦味较轻。

（3）黑啤酒　黑啤酒的色度大于40EBC单位。一般在50～130EBC单位之间，颜色呈红褐色至黑褐色。其特点是：原麦汁浓度较高，焦糖香味突出，口味醇厚，泡沫细腻，苦味较重。

（4）白啤酒　白啤酒是以小麦芽生产为主要原料的啤酒，酒液呈白色，清凉透明，酒花香气突出，泡沫持久。

2. 按所用的酵母品种分类

（1）上面发酵啤酒　是以上面酵母进行发酵的啤酒。麦芽汁的制备多采用浸出糖化法，啤酒的发酵温度较高。例如英国的爱尔（Ale）啤酒、斯陶特

（Stout）黑啤酒以及波特（Porter）黑啤酒。

（2）下面发酵啤酒　是以下面酵母进行发酵的啤酒。发酵结束时酵母沉积于发酵容器的底部，形成紧密的酵母沉淀，其适宜的发酵温度较上面酵母低。麦芽汁的制备宜采用复式浸出或煮出糖化法。例如捷克的比尔森啤酒（Pilsenerbeer）、德国的慕尼黑啤酒（Munich beer）以及我国的青岛啤酒均属此类。

3. 按原麦汁浓度分类

（1）低浓度啤酒　原麦汁浓度为 $2.5\sim8°P$，乙醇含量为 $0.8\%\sim2.2\%$。近些年来产量逐增，以满足低酒精度以及消费者对健康的需求。酒精含量小于 2.5%（体积分数）的低醇啤酒，以及酒精含量小于 0.5%（体积分数）的无醇啤酒属此类型。它们的生产方法与普通啤酒的生产方法一样，但最后经过脱醇方法，将酒精分离。

（2）中浓度啤酒　原麦汁浓度为 $9\sim12°P$，乙醇含量为 $2.5\%\sim3.5\%$。淡色啤酒几乎均属此类。

（3）高浓度啤酒　原麦汁浓度为 $13\sim22°P$，乙醇含量为 $3.6\%\sim5.5\%$。多为浓色或黑色啤酒。

4. 按生产方式分类

（1）鲜啤酒　啤酒包装后，不经过巴氏灭菌或瞬时高温灭菌的新鲜啤酒。因其未经灭菌，保存期较短。其存放时间与酒的过滤质量、无菌条件和贮存温度关系较大，在低温下一般可存放 7 天左右。包装形式多为桶装，也有瓶装的。

（2）纯生啤酒　啤酒包装后，不经过巴氏灭菌或瞬时高温灭菌，而采用物理方法进行无菌过滤（微孔薄膜过滤）及无菌灌装，从而达到一定生物、非生物和风味稳定性的啤酒。此种啤酒口味新鲜、淡爽、纯正，啤酒的稳定性好，保质期可达半年以上。包装形式多为瓶装，也有听装的。

（3）熟啤酒　是指啤酒包装后，经过巴氏灭菌或瞬时高温灭菌的啤酒。此种啤酒保质期较长，可达三个月左右。包装形式多为瓶装或听装。

5. 按包装容器分类

（1）瓶装啤酒　国内主要采用 640mL、500mL、350mL 以及 330mL 等四种规格。以 640mL 为主，规格为 500mL 的近年发展较快。装瓶时要求净含量与标签上标注的体积之负偏差：小于 500mL/瓶，不得超过 8mL；等于或大于 500mL/瓶，不得超过 10mL。

（2）听装啤酒　听装啤酒所用制罐材料一般采用铝合金或马口铁。听装啤酒多为 355mL 装和 500mL 装两种规格。国内大多采用 355mL 这一规格。装听时要求净含量与标签上标注的体积之负偏差：小于 500mL/听，不得超过 8mL；等于或大于 500mL/听，不得超过 10mL。

（3）桶装啤酒　国内桶装啤酒又可分为桶装"鲜啤"和桶装"扎啤"两种类型。桶装"鲜啤"是不经过瞬间杀菌后的啤酒，主要是地产地销，也有少量外地销售。包装容器材料主要有木桶和铝桶。

6. 按啤酒生产使用的原料分类

（1）加辅料啤酒　生产所用原料除麦芽外，还加入其他谷物作为辅助原料，利用复式浸出或复式煮出糖化法酿制的啤酒。生产出的啤酒成本较低，口味清爽，酒花香味突出。

（2）全麦芽啤酒　遵循德国的纯粹法，原料全部采用麦芽，不添加任何辅料，采用浸出或煮出糖化法酿制的啤酒。生产出的啤酒成本较高，但麦芽香味突出。

（3）小麦啤酒　以小麦芽为主要原料（占总原料40％以上），采用上面发酵法或下面发酵法酿制的啤酒。生产出的啤酒具有小麦啤酒特有的香味，泡沫丰富、细腻，苦味较轻。其他指标应符合淡色（或浓色、黑色）啤酒的技术要求。

7. 特殊啤酒

由于消费者的年龄、性别、职业、健康状态以及对啤酒口味嗜好的不同，因而必然存在适合不同需求的特种啤酒，如低热量啤酒、烟熏啤酒、冰啤酒、无醇啤酒、干啤酒和小麦啤酒。

（1）低（无）醇啤酒　酒精含量为0.6％～2.5％（体积分数）的淡色（或浓色、黑色）啤酒即为低醇啤酒，酒精含量小于0.5％（体积分数）的为无醇啤酒。适宜于司机或不会饮酒的人饮用。

（2）干啤酒　是指啤酒的真正发酵度为72％以上的淡色啤酒。此啤酒残糖低，二氧化碳含量高。故具有口味干爽、杀口力强的特点。由于糖的含量低，属于低糖、低热量啤酒。适宜于糖尿病患者饮用。20世纪80年代末由日本朝日公司率先推出，推出后大受欢迎。

（3）冰啤酒　是将滤酒前的啤酒经过专门的冷冻设备进行超冷冻处理（冷冻至冰点以下），使啤酒出现微小冰晶，然后经过过滤，将大冰晶过滤掉。通过这一步处理解决了啤酒冷浑浊和氧化浑浊问题。处理后的啤酒浓度和酒精度并未增加很多，但酒液更加清亮、新鲜、柔和、醇厚。

（4）头道麦汁啤酒　即利用过滤所得的麦汁直接进行发酵，而不掺入冲洗残糖的二道麦汁。具有口味醇爽、后味干净的特点。头道麦汁啤酒由日本麒麟啤酒公司率先推出，麒麟公司在我国珠海的厂中已经推出，名为一番榨。

（5）果味啤酒　在后酵中加入菠萝或葡萄或沙棘等提取液，使啤酒有酸甜感，富含多种维生素、氨基酸，酒液清亮，泡沫洁白细腻，属于天然果汁饮料型啤酒，适于妇女、老年人饮用。

（6）暖啤酒　属于啤酒的后调味。后酵中加入姜汁或枸杞，有预防感冒和胃寒的作用。其他指标应符合淡色（或浓色、黑色）啤酒的技术要求。

（7）浑浊啤酒　这种啤酒在成品中含有一定量的活酵母菌或显示特殊风味的胶体物质，浊度为 $2.0\sim5.0$ EBC 浊度单位的啤酒。该酒具有新鲜感或附加的特殊风味。除"外观"外，其他指标应符合淡色（或浓色、黑色）啤酒的技术要求。

（8）绿啤酒　在啤酒中加入天然螺旋藻提取液，富含氨基酸和微量元素，啤酒呈绿色，属于啤酒的后修饰产品。

第二章　酿造原料

第一节　大麦与麦芽

一、大麦的品种

大麦属于禾本科植物，共有 30 多个品种，可供食用、饲料用和酿造啤酒。适用于酿制啤酒的大麦品种很多，依麦粒在穗轴的排列方式、发育程度及结实性，可分为六棱、四棱和二棱大麦三种类型。其形态见图 2-1。

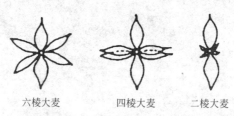

六棱大麦　　　　四棱大麦　　　二棱大麦

图 2-1　不同品种大麦的横断面

1. 六棱大麦

麦穗断面呈六角形，六行麦粒围绕一根穗轴而生，其中只有中间对称的两行籽粒发育正常，其左右四行籽粒发育迟缓，粒形不正，所以六棱大麦籽粒不够整齐，也比较小。

六棱大麦蛋白质含量相对较高，淀粉含量相对较低。近年来随着辅料用量增加，六棱大麦的应用得到重视，它可制成含酶丰富的麦芽。

2. 四棱大麦

四棱大麦实际也是六棱大麦，只是不像六棱大麦那样对称，有两对籽粒互为交错，麦穗断面呈四角形，看起来像在穗轴上形成四行，因而得名四棱大麦。

3. 二棱大麦

二棱大麦是六棱大麦的变种，即由原生穗轴一边的三朵花，发展成居中的一朵，沿穗轴只有对称的两行籽粒，形成两行棱角，由此得名二棱大麦。二棱大麦籽粒均匀整齐，比较大，淀粉含量相对较高，蛋白质含量相对较低，是酿造啤酒的最好原料。

二、大麦的籽粒构造及其生理作用

大麦粒主要由胚、胚乳、皮层三部分组成（图 2-2）。

（一）胚

胚是大麦最主要的部分。由胚芽和胚根所组成，它和盾状体及上皮层位于麦粒背部的下端。其质量为大麦干物质的 2%～5%。盾状体与胚乳衔接，功能是将胚乳内积累的营养物质传递给生长的胚芽。

胚是大麦的有生命力的部分，由胚中形成各种酶，渗透到胚乳中，使胚乳溶解，以供给胚芽生长的养料。一旦胚组织破坏，大麦就失去发芽能力。

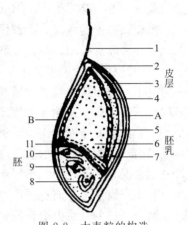

图 2-2　大麦粒的构造

A—腹部；B—背部

1—麦芒；2—谷皮；3—果皮和种皮；
4—腹沟；5—糊粉层；6—胚乳；
7—细胞层；8—胚根；9—胚芽；
10—盾状体；11—上皮层

（二）胚乳

胚乳与胚毗连，是胚的营养仓库，胚乳质量为大麦干物质的 80%～85%。胚乳由贮藏淀粉的细胞层和贮藏脂肪的细胞层构成。贮藏淀粉的细胞层是胚乳的核心。在细胞之间的空间处由蛋白质组成的"骨架"支撑。外部被一层细胞壁包围，称为糊粉层，其细胞内含有蛋白质和脂肪，但不含淀粉，靠近胚的糊粉层只有一层细胞。胚乳与胚之间还有一层空细胞称为细胞层。

胚乳是麦粒一切生物化学反应的场所。当胚还持有生命的时候，胚乳物质便能分解与转化，部分供胚作营养，部分供呼吸时消耗。

（三）皮层

由腹部的内皮和背部的外皮组成，外皮的延长部分即称麦芒，其质量为大麦干物质的 7%～13%。在皮壳的里面是果皮，再里面是种皮。果皮的外表有一层蜡质层，它对赤霉酸和氧是不透性的，与大麦的休眠性质有关。种皮是一种半透性的薄膜，可渗透水却不能渗透高分子的物质，但某些离子能同水一道渗入，这对浸渍过程有一定意义。

皮壳的组成物大都是非水溶性的，含有硅酸、单宁和苦味物质等。这些物质对酿造有很多有害作用。但皮壳在麦芽汁制造时，则作为麦芽汁过滤层而被利用。

三、麦芽

没有麦芽就不能酿造啤酒，因此大麦麦芽的生产是酿造啤酒的第一步。虽然人们也可以利用其他的原料生产麦芽，比如，小麦、黑麦或高粱，但历史上因种种原因，人们还是选用最适合啤酒酿造的大麦来酿制啤酒。因此以下所讲的麦芽指的就是大麦麦芽。生产 11°P 的啤酒约需 17kg 的麦芽。

出于经济上的考虑，除德国之外，许多国家都在利用未发芽的谷物原料替代部分麦芽来酿造啤酒，由此啤酒酿造所需麦芽量就可大大减少。世界上许多地区（洲）在啤酒生产的大麦需求量、麦芽需求量以及酿造大麦生产量上存在着很大差别。丰富的酿造大麦供给量和强大的制麦能力使欧洲、澳大利亚产生了世界闻名的麦芽出口商，其他实力雄厚的麦芽出口商在加拿大以及土耳其。

大量的大麦和麦芽出口汇集于南美洲、非洲，特别是啤酒酿造业快速发展的东亚。当然货物的流向取决于与气候有关的产量波动、质量波动以及全球市场价格波动情况，这些波动几乎年年发生变化。现在，大麦麦芽的生产几乎掌控在大的麦芽生产商手中，而过去啤酒厂常常在自己的麦芽厂生产麦芽。

制麦的目的是在大麦颗粒中形成酶，并使大麦颗粒中的某些物质发生转化。因此大麦需要一定时间发芽。由大麦制成的麦芽，其外表几乎和大麦一样。

进厂大麦在制麦前必须清选、分级和立仓贮存。在浸麦过程中，大麦颗粒吸收发芽必需的水分，然后在发芽箱中发芽，入干燥炉中高温干燥。干燥后还需后处理并贮存于立仓中，直至出售。

四、麦芽的质量评价

麦芽的性质决定啤酒的性质，为了使麦芽能在啤酒酿造中得到合理的利用，必须了解其特性。麦芽的性质复杂，不能通过个别的方法或凭个别的数据来判断其质量，所以，要想对麦芽质量作比较准确的评价，必须对麦芽的性质有比较全面的认识，即必须对它的外观特征及其一系列的物理和化学特性，进行全面判断才能作出比较确切的评价。

（一）感官特征

(1) 夹杂物　麦芽应除根干净，不含杂草、谷粒、尘埃、枯草、半粒、霉粒、损伤粒等杂物。

(2) 色泽　应具淡黄色、有光泽，与大麦相似。发霉的麦芽呈绿色、黑色或红斑色，属无发芽力的麦粒。焙焦温度低、时间短，易造成麦芽光泽差、香味差。

(3) 香味　有麦芽香味和焦香味，不应有霉味、潮湿味、酸味、焦苦味和烟熏味等。麦芽香味与麦芽类型有关，浅色麦芽香味小一些，深色麦芽香味浓一些。

（二）物理特性

（1）千粒重　麦芽溶解愈完全，千粒重愈低，据此可衡量麦芽的溶解程度。千粒重为 30～40g。

（2）麦芽相对密度　相对密度越小，麦芽溶解度越高。<1.10 为优，1.1～1.13 为良好，1.13～1.18 为基本满意，>1.18 为不良。相对密度也可用沉浮试验反映，沉降粒<10% 为优，10%～25% 为良好，25%～50% 为基本满意，>50% 为不良。

（3）分选试验　麦粒颗粒不均匀是大麦分级不良造成的，可引起麦芽溶解的不均匀。

（4）切断试验　通过 200 粒麦芽断面进行评价，粉状粒愈多者愈佳，玻璃质粒愈多者愈差。

（5）叶芽长度　通过叶芽平均长度和长度范围评价麦芽溶解度。浅色麦芽：叶芽长度 3/4 者 75% 左右，平均长度在 3/4 左右为好；深色麦芽：叶芽长度 3/4～1 者 75% 左右，平均长度在 4/5 以上为好。

（6）脆度试验　通过脆度计测定麦芽的脆度，借以表示麦芽的溶解度。81%～100% 为优秀，71%～80% 为良好，65%～70% 为满意，小于 65% 为不满意。

（7）发芽率　表示发芽的均匀性。指发芽结束后，全部发芽麦粒所占有的百分率。要求大于 96%。如果发芽率低，未发芽麦粒易被霉菌和细菌感染，给正常发芽的绿麦芽也带来污染。这样制得的麦芽霉粒多，可能造成啤酒的喷涌。麦芽的溶解性差，浸出率低、酶活力弱。给整个啤酒的生产带来一系列的不利影响。

（8）发芽力　指发芽 3 天，发了芽的麦粒占麦粒总数的百分比。是衡量大麦是否均匀发芽的尺度。此值高，说明大麦的发芽势很好，开始发芽的能力强。

（三）化学特性

1. 一般检验（标准协定法　糖化试验）

（1）水分　出炉麦芽：浅色麦芽 3.5%～5%，深色麦芽 2%～3%。贮存期中增长：0.5%～1.0%，使用时水分不超过 6%。焙焦温度低（76～78℃），出炉水分高，酶活力强，但贮存后色泽深、麦芽汁浑浊、啤酒的稳定性差。

（2）浸出率　优良的麦芽，无水浸出率应在 78%～82%，浸出物低，表明糖化收得率低，主要原因是原大麦品种低劣、皮厚、淀粉含量低、制麦工艺粗放。单靠浸出率一项不易作出评价。

（3）糖化时间　优良的麦芽糖化时间如下：浅色麦芽 10～15min；深色麦芽 20～30min。

（4）麦芽汁过滤速度与透明度　溶解良好的麦芽，麦芽汁的过滤速度快

（1h 以下），麦汁清亮；溶解不良的麦芽，麦芽汁过滤速度慢，麦芽汁不清。麦芽汁的过滤速度和透明度还受大麦品种、生长条件、发芽方法、干燥温度、麦芽贮存期等因素的影响。不能仅以此作为衡量麦芽质量的标准。

（5）色度　正常的麦芽，协定法糖化麦芽汁的色度应为：浅色麦芽 2.5～4.5EBC，中度深色麦芽 5～8EBC，深色麦芽 9～15EBC。麦芽的色泽主要取决于原大麦底色、浸麦工艺及浸麦添加剂、大麦的溶解度及赤霉酸的用量以及大麦的焙燥作用时间。

（6）香味和口味　协定法糖化麦芽汁的香味与口味应纯正，无酸涩味、焦味、霉味、铁腥味等不良杂味。

2. 细胞溶解度的检验

（1）粗细粉无水浸出率差（％）（EBC）　利用粗粉和细粉的糖化浸出率差（采用协定糖化法）来评价麦芽细胞的溶解情况：＜1.5 为优，1.6～2.2 良好，2.3～2.7 满意，2.8～3.2 不佳，＞3.2 很差。此值越小，浸出率越高，糖化速度越快。如过小，表明溶解过度，会影响啤酒的泡沫性能。所以并非越低越好。

（2）麦芽汁黏度　麦芽汁黏度可以说明麦芽胚乳细胞壁半纤维素和麦胶物质的降解情况，从而对麦芽溶解度作出评价。黏度越低，麦芽溶解越好，麦芽汁过滤速度越快。

3. 蛋白质溶解度检验

（1）蛋白质溶解度（又称库尔巴哈值）　用协定法麦芽汁的可溶性氮与麦芽总氮之比的百分率表示蛋白质溶解度。比值愈高，说明蛋白质分解愈完全。指标规定如下：＞41％ 优，38％～41％ 良好，35～38％ 满意，35％以下一般。溶解不良的麦芽，浸出物收得率低，发酵状态不好，酒体粗糙，非生物稳定性差；溶解过度的麦芽，制麦损失大，酵母易早衰，啤酒口味淡薄，泡沫性能差。它必须和麦芽的总氮结合起来考虑才有意义。

（2）隆丁区分　隆丁区分系将麦芽汁中的可溶性氮，根据其相对分子质量的大小分为三组。A组：相对分子质量为 60000 以上，称为高分子氮，约占 15％。B组：相对分子质量为 12000～60000，称为中分子氮，约占 15％。C组：相对分子质量为 12000 以下，称为低分子氮，约占 60％。可通过此比例关系，估计蛋白质分解情况。

（3）甲醛氮与 α-氨基氮　通过测定麦芽汁中此类低分子含氮物质的含量，衡量蛋白质分解情况，代表低肽和氨基酸水平。

4. 淀粉分解检验

（1）糖：非糖　利用麦芽汁中糖：非糖的含量来衡量麦芽的淀粉分解情况是早期啤酒工业常用的方法。现在不少工厂仍用糖：非糖作为控制生产的方法。有些工厂已用最终发酵度取代。

（2）最终发酵度（又称极限发酵度）　以麦芽汁的最终发酵度来表示麦芽糖化后，可发酵浸出物与非可发酵浸出物的关系。最终发酵度与大麦品种、生长条件和时间、制麦方法都有关系。一般是麦芽溶解得愈好，其最终发酵度愈高。正常的麦芽，其协定法麦芽汁的外观最终发酵度达80%以上。

（3）α-淀粉酶与糖化力　酶活力是指在适当的β-淀粉酶存在下，在20℃，每小时液化1g可溶性淀粉称为1个酶活力单位，以DU20℃表示。通过对麦芽淀粉酶活性的测定，也可以估价麦芽的淀粉分解能力。在啤酒生产中最具有实用价值的是测α-淀粉酶活性和麦芽糖化力。正常情况下，浅色麦芽的α-淀粉酶活性为40～70（ASBC）。糖化力是表示麦芽中α-淀粉酶和β-淀粉酶联合使淀粉水解成还原糖的能力。

5. 其他

（1）哈同值（又名四次糖化法）　麦芽在20℃、45℃、65℃、80℃下，分别糖化1h，求得四种麦芽汁的浸出率与协定法麦芽汁浸出率之比的百分率的平均值，减去58所得差数即为哈同值。它可反映麦芽的酶活性和溶解状况。

（2）pH值　溶解良好和干燥温度高的麦芽，其协定法麦芽汁的pH值较低；溶解不良和干燥温度低的麦芽，其pH值偏高。pH值低，其麦芽浸出率高。浅色麦芽协定法麦芽汁的pH值为5.9左右；深色麦芽pH值为5.65～5.75。

第二节　辅助原料

一、添加辅助原料的目的与要求

在啤酒酿造中，可根据地区的资源和价格，采用富含淀粉的谷类（大麦、大米、玉米等）、糖类或糖浆作为麦芽的辅助原料，在有利于啤酒质量，不影响酿造的前提下，可尽量多采用辅助原料。使用辅助原料的目的如下。

① 采用价廉而富含淀粉质的谷类作为麦芽的辅助原料，以提高麦芽汁收得率，制取廉价麦芽汁，降低成本并节约粮食。

② 使用糖类或糖浆为辅助原料，可以节省糖化设备容量，调节麦芽汁中糖与非糖的比例，以提高啤酒发酵度。

③ 使用辅助原料，可以降低麦芽汁中蛋白质和易氧化的多酚物质的含量，从而降低啤酒色度，改善啤酒风味和啤酒的非生物稳定性。

④ 使用部分谷类原料，可以增加啤酒中糖蛋白的含量，从而改进啤酒的泡沫性能。

谷类辅助原料的使用量在10%～50%之间，常用的比例为20%～30%，糖类辅助原料一般为10%～20%。

国际上使用辅助原料的情况极不一致，我国啤酒酿造一般都使用辅助原料，多数用大米，有的厂用脱胚玉米，其最低量为 10%～15%，最高量为 40%～50%，多数为 30%左右。

二、辅助原料的种类

（一）未发芽谷类

1. 大米

大米是最常用的一种麦芽辅助原料，其特点是价格较低廉，而淀粉高于麦芽，多酚物质和蛋白质含量低于麦芽，糖化麦芽汁收得率提高，成本降低，又可改善啤酒的风味和色泽，啤酒泡沫细腻，酒花香气突出，非生物稳定性比较好，特别适宜制造下面发酵的淡色啤酒。国内啤酒厂辅助原料大米用量 25%～50%不等，一般是 25%～35%。但在大米用量过多的情况下，麦芽汁可溶性氮源和矿物质含量不够，将招致酵母菌繁殖衰退，发酵迟缓，因而必须经常更换强壮酵母。如果采用较高温度进行发酵，就会产生较多发酵副产物，如高级醇、酯类，对啤酒的香味和麦芽香有不好的影响。

大米种类很多，有粳米、籼米、糯米等，啤酒工业使用的大米要求比较严格，必须是精碾大米，一般都采用碎米，比较经济。

2. 玉米淀粉

玉米淀粉多采用湿法加工生产，即将原料玉米经净化后，利用亚硫酸浸泡，破坏玉米的组织结构，然后破碎，分离出胚芽、纤维、蛋白质，最后得到成品淀粉。玉米淀粉的糊化温度为 62～70℃，现啤酒工厂大多采用玉米淀粉作为啤酒生产的辅助原料。

3. 小麦

小麦也可作为制造啤酒的辅助原料，用其酿制的啤酒有以下特点：小麦中蛋白质的含量为 11.5%～13.8%，糖蛋白含量高，泡沫好；花色苷含量低，有利于啤酒非生物稳定性，风味也很好；麦芽汁中含较多的可溶性氮，发酵较快，啤酒的最终 pH 值较低；小麦和大米、玉米不同，富含 α-和 β-淀粉酶，有利于采用快速糖化法。

德国的白啤酒是以小麦芽为原料，比利时的蓝比克啤酒也是以小麦作辅助原料。一般使用比例为 15%～20%。

4. 大麦

国际上采用大麦为辅助原料，一般用量为 15%～20%，以此制成的麦芽汁黏度稍高，但泡沫较好，制成的啤酒非生物稳定性较高。

使用的大麦应气味正常，无霉菌和细菌污染，籽粒饱满。如果糖化时添加淀粉酶、肽酶、β-葡聚糖酶组成的复合酶，可将大麦用量提高到30％～40％。

（二）糖类和糖浆

麦芽汁中添加糖类，可提高啤酒的发酵度，但含氮物质的浓度稀释，生产出的啤酒具有非常浅的色泽和较高的发酵度，稳定性好，口味较淡爽，符合生产浅色干啤酒的要求。为了保证酵母营养，一般用量为原料的10％～20％。

糖浆生产多采用双酶法工艺，即酶法液化、酶法糖化。淀粉乳在液化酶存在的情况下，经喷射器进行喷射液化，然后进入糖化罐，在酶的作用下水解糖化，达到预期的糖组分要求，后经过滤、脱色、离子交换除去其中的各类杂质，再经蒸发浓缩达到所需的浓度。

三、辅助原料搭配应用的注意事项

不同的辅助原料都有其独特的优势和不足，除了受生产工艺和设备的限制外，辅助原料成本也是需要考虑的关键因素之一。啤酒生产中经常使用的辅助原料为大麦、大米、淀粉和糖浆等，大麦和糖浆的使用有一定的局限性，而大米和淀粉的优势更为突出，啤酒企业对其应用也最多。其中，大米对啤酒淡爽口感的贡献和淀粉的高浸出率贡献，使这两种辅料受到大部分啤酒企业的厚爱，尤其是淀粉因高浓度和高浸出率的优势，其应用范围更广。玉米淀粉不仅价格低于大米，而且浸出率比大米高，为了缓解企业的成本压力，在生产条件允许的情况下，将大米和淀粉搭配应用，则能解决这一矛盾，具体搭配比例为：大麦芽52％，小麦芽8％，淀粉25％，大米15％，其他应用方法同上。此种搭配应用方法既不会造成啤酒口感的过大变化，又能提高原麦芽汁浓度和浸出率，在控制成本方面也有很大的帮助。

① 辅助原料的品种与添加量应根据麦芽具体情况和所制啤酒类型而定。
② 添加辅助原料之后可能造成酶活力不足，应适当补充酶制剂。
③ 添加辅助原料后，不应造成麦芽汁或啤酒过滤困难。
④ 添加辅助原料后不应给啤酒色、香、味带来不利影响。

第三节　啤酒花及其制品

一、酒花的品种

啤酒花作为啤酒工业原料，始于德国，使用的主要目的是利用酒花的成分，而起到增加麦芽汁和啤酒的苦味、香味、防腐能力和澄清麦芽汁的作用。

啤酒花按其特性可分为以下四类。

A 类：优秀香型酒花。

捷克 Saaz（萨士）、德国 Spalter（斯巴顿）、德国 Tattnang（泰特昂）、英国 Golding（哥尔丁）等。此类酒花中主要成分一般为：α-酸 3%～5%、α-酸/β-酸为 1.1～1.5，酒花精油 2%～2.5%。

B 类：兼香型酒花。

英国 Wye Saxon（威沙格桑）、美国 Columbia（哥伦比亚）、德国 Hallertauer（哈拉道尔）、美国的 Willamete（威拉米特）等。此类酒花成分含量一般为：α-酸 5%～7%，α-酸/β-酸为 1.2～2.3，酒花精油 0.85%～1.6%。

C 类：特征不明显的酒花。

美国 Galena。

D 类：苦型酒花。

德国的 Northern Brewer（北酿）、Brewers Gold（金酿），Cluster（格林特斯）和中国新疆的青岛酒花。优质苦型酒花的 α-酸 6.5%～10%，α-酸/β-酸为 2.2～2.5。

世界生产酒花 D 类占 50%以上，A 类占 10%，C 类占 25%，B 类占 15%，目前主要发展 A 类和 D 类。

二、酒花主要化学成分及其在酿造中的作用

（一）酒花的植物性状

酒花的学名是蛇麻（*Humulus lupulus*），又名忽布（Hop），为大麻科葎草属多年生蔓性草本植物，其地上茎每年更替一次，茎长可达 10m，摘花后逐渐枯萎，按茎的颜色可分紫、绿、白三类品种，每种中都有早熟、中熟和晚熟种。酒花为宿根植物，深入土壤 1～3m，可生存 20～30 年之久。一般可连续高产 20 年左右。雌雄异株，啤酒酿造中使用的酒花是未受精的雌花。

啤酒花中含有十几类化学物质、几百种化学成分，是一个成分复杂的混合物。酒花在啤酒酿造中最主要的成分是酒花树脂、酒花油和多酚物质，这 3 类物质在干燥的酒花中的含量分别为 14%～18%、0.3%～2.0%和 2%～7%。另外还含有氨基酸约 0.1%、糖类 1.5%～2.5%、果胶 1.5%～2.5%、脂肪和蜡质 2%～4%、无机盐 7%～9%、粗蛋白质 13%～16%、粗纤维和木质素 35%～40%等。在生产中通常使用经过加工的颗粒酒花和相应的酒花制品。

（二）啤酒花对啤酒质量及风味的影响

酒花赋予啤酒特有的苦味和香味，其含有的各种风味物质、生理活性物质对啤酒酿造和成品酒的泡沫、口味具有重要作用，啤酒区别于其他饮料的关键就是

添加了酒花。

1. 啤酒花与啤酒泡沫

啤酒泡沫是由麦芽组分中的起泡蛋白质和酒花中的异葎草酮协同作用的结果，在 $11°P$ 淡爽型啤酒中其含量分别为 $200mg/L$ 和 $17\sim24mg/L$。具有表面活性的起泡蛋白和异葎草酮吸附在 CO_2 气体表面，其浓缩并由静电作用结合形成起泡蛋白——异葎草酮复合体。这一复合体中具有疏水性的异葎草酮在泡沫壁外，而亲水性的起泡蛋白吸附于泡沫壁内，形成高黏度的泡沫。因此，酒花中的异葎草酮对啤酒泡沫的形成起关键作用。啤酒泡沫使啤酒更加细腻、柔和，形成的泡沫保护层可防止 CO_2 散溢，避免酒体与空气的直接接触，减少了啤酒老化味的形成。

2. 啤酒花与风味物质

啤酒的口味一致性已成为各企业品质管理的重要内容，啤酒的不同口味和风味特点是由酿造原料、生产工艺及设备决定的。因此，在生产工艺和设备相对固定的情况下，选择优质和质量稳定的原料成为关系成品酒口味一致性的关键。酒花中的精油类成分所具有的香味成分是啤酒风味物质的重要来源，它的质量变化直接影响着啤酒的风味。因此，高质量的酒花是酿造优质啤酒的基础。

3. 啤酒花与啤酒苦味物质

啤酒的苦味物质是影响啤酒口感的重要指标，是感官品评的重要内容。啤酒中苦味物质主要由 α-酸、β-酸和其他树脂类物质组成，一个苦味物质单位（BU）相当于 $1mg$（α-酸）$/L$ 啤酒，普通啤酒的苦味值 $10\sim25BU$。酒花 α-酸的含量是决定其酿造价值和在麦芽汁中添加酒花数量的重要指标，酒花的利用率即指 α-酸的异构化率，只有异 α-酸能溶解于冷麦芽汁中。

4. 啤酒花与非生物稳定性

在麦芽汁煮沸时，啤酒花中的多酚与麦芽中的部分蛋白质产生缩合反应，形成热凝固物随酒花糟排出，具有澄清麦芽汁和使酒体醇厚的作用，有利于提高啤酒的非生物稳定性。

5. 增加啤酒的防腐能力

由于酒花中含有多种活性成分，其中蛇麻酮和葎草酮等在体外对革兰氏阳性细菌及耐酸杆菌具有较强的抑制作用，从而可提高啤酒的防腐能力。德国比尔森型啤酒的苦味值是我国啤酒的 3 倍左右，而多数啤酒未经过巴氏杀菌、膜过滤和无菌灌装，其保质期依然很长。

6. 酒花与啤酒的抗氧化能力

不同的酒花品种，其 TRAP 值（总抗氧化潜力）与 α-酸含量之间无明显规律，但不同的酒花品种，其 TRAP 值有所不同；四氢、六氢酒花制品的 TRAP

值很低，基本无抗氧化能力。因此从酒花抗氧化的角度考虑，不能用酒花制品完全代替酒花。

（三）酒花的成分及在酿造中的作用

1. 酒花油

酒花油主要存在于酒花花粉中，其含量约为 0.4%，它赋予啤酒特有的酒花香味。主要成分是萜烯、倍半萜烯、酯、酮、酸及醇等。其中香叶烯（$C_{10}H_{15}$）与葎草烯（$C_{15}H_{24}$）等萜烯类碳氢化合物、牻牛儿醇是较为重要的成分。

酒花油呈黄绿色或红棕色液体，具有特异香味，在水中溶解甚微，在麦芽汁煮沸时极大部分逃逸，所剩无几。有些厂家为此在发酵液内另行添加酒花制品，或直接浸泡生酒花，以保存酒花油，但往往带有"生酒花味"。

2. α-苦味酸

α-酸（指 α-苦味酸）是啤酒中苦味的主要成分。它具有粗糙强烈的苦味与很高的防腐力，又有降低表面张力的能力，可增加啤酒泡沫稳定性。α-酸为葎草酮及其同族化合物的总称。

α-酸在水中溶解度很小，但微溶于沸水，能溶解于乙醚、石油醚、乙烷、甲醇等有机溶剂。α-酸在新鲜酒花中含量为 5%～11%。α-酸在热、碱、光能等作用下，变成异 α-酸，后者的苦味比 α-酸苦味强。在酒花煮沸过程中，α-酸异构率为 40%～60%。

异 α-酸为黄色油状，味奇苦。用新鲜酒花酿制的啤酒，其苦味 85%～95% 来自异 α-酸。煮沸 2h 后，α-酸可能转化为无苦味的葎草酸或其他苦味不正常的衍生物，因此煮沸时间不宜过长。

α-软树脂为 α-酸的衍生物，同样具有极苦味、防腐力及提高泡沫稳定性的作用。与 α-酸一样能与醋酸铅生成沉淀。α-酸及 α-软树脂在酒花长期贮藏过程中，随氧化聚合作用，转变成硬树脂，就失去其特有的苦味和防腐能力。

α-酸能与醋酸铅产生沉淀，据此测知其含量。麦芽汁中酒花用量往往靠测定酒花内 α-酸含量来计算，或以 α-酸或 β-酸的苦味值计算。

3. β-苦味酸

β-苦味酸（即 β-酸）及 β-软树脂其苦味程度约为 α-酸的 1/9，但苦味细腻爽口。其防腐能力约为 α-酸的 1/3，也具有降低表面张力并改善啤酒泡沫稳定性的作用。

β-苦味酸在水中溶解度较 α-酸低。与醋酸铅不产生沉淀，故得以与 α-酸相区别。新鲜酒花中 β-酸与乙种树脂的含量为 6%～11%，它与 α-酸及甲种树脂一起，作为酒花的软树脂组成。酒花长期贮藏后，β-酸与乙种树脂也会聚合成无苦味、无防腐力、不易溶解的硬树脂（丙种树脂）。

上述 α-软树脂（包括 α-酸）、β-软树脂（包括 β-酸），再加硬树脂，合称酒花总树脂。酒花树脂在贮存过程中的变化如图 2-3 所示。

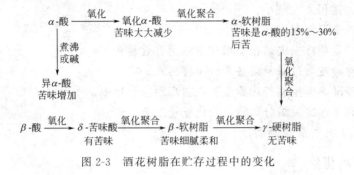

图 2-3　酒花树脂在贮存过程中的变化

4. 多酚物质

酒花含多酚物质 2％～5％，是非结晶混合物，其中主要是花色苷、单宁、花青素、翠雀素等物质，它们对啤酒酿造具有双重作用：一方面，在麦芽汁煮沸以及随后的冷却过程中，都能与蛋白质结合，产生凝固物沉淀，因而有利于啤酒稳定性；另一方面，正是由于多酚与蛋白质结合产生沉淀，所以啤酒中多酚物质的残留是造成啤酒浑浊的主要因素之一。

单宁性质不稳定，易氧化形成红色的单宁色素（酚型结构氧化成醌型显色结构），会给啤酒带来苦涩味与不适之感，并使啤酒颜色加深。另外，多酚物质还可与铁盐结合，形成黑色化合物，使啤酒色泽加深。

麦芽汁煮沸时添加酒花，酒花内单宁会与麦芽汁内过量蛋白质结合，使原来凝固困难的蛋白质得以沉淀析出。酒花加量一定要适量，否则多酚残留会给啤酒造成不良影响。

多酚物质既具氧化性又具还原性，在有氧情况下能催化脂肪酸和高级醇氧化成醛类，使啤酒老化。同时它的存在也可以使啤酒中的一些物质避免氧化。

酒花的多酚物质与麦芽多酚物质相比，前者比后者活泼，前者因其聚合度高更易与蛋白质结合形成沉淀。所以它可以和凝固困难的蛋白质结合，有利于提高啤酒的非生物稳定性。

5. 蛋白质

酒花绝干物质中有 12％～20％的蛋白质，其中 30％～50％可进入到啤酒中，但因酒花在啤酒中含量很小，因而蛋白质对啤酒的特性（起泡、口味等）显得微不足道。同样酒花中的其他成分如碳水化合物、有机酸、矿物质等对啤酒酿造也没有什么意义。

三、酒花制品的种类及其使用方法

在麦芽汁煮沸锅添加酒花，有效成分利用率仅 30％左右。加之酒花贮存体积大，要求低温贮藏，且不断氧化变质，所以，促使人们研制出许多种酒花制品。酒花制品有如下优点。

①贮运体积大大缩小。

②可以常温保存。

③减少麦芽汁损失，相应增加煮沸锅有效容积。

④废除酒花糟过滤及设备，减少排污水。

⑤可较准确地控制苦味质含量，提高酒花利用率。

⑥有利于推广旋涡分离槽，简化糖化工艺。

下面简介几种酒花制品。

（一）酒花粉

将酒花于45℃烘干至含水6%～7%，直接压成片剂或用塑料袋充惰性气体密封。酒花粉可提高利用率5%～10%，通常在煮沸后半小时添加。

（二）酒花浸膏

酒花浸膏的利用率比粉状酒花略有提高。其制备法是将干燥酒花以有机溶剂按逆流分配原理萃取。常用的有机溶剂有二氯甲烷、三氯甲烷、己烷以及甲醇和乙醇水溶液等。以碳氢化合物溶剂对α-酸浸出率最高。而甲醇的总浸出物最高，但杂质也高。1965年苏联有专利用液体二氧化碳萃取法制备酒花浸膏。温度为15～25℃，于40℃蒸发二氧化碳。产品含α-酸40%～44%，不含多酚、硬树脂、脂肪、蜡以及叶绿素等无用成分，此法可回收α-酸92%～96%，β-酸80%～87%，酒花油65%～83%。

（三）异构浸膏

将普通酒花浸膏在碱性中加热，或在乙醇中于钙、镁等二价阳离子存在下加热处理，使α-酸异构化，再用甲苯、甲醇、二氯甲烷等溶剂将α-酸提纯。纯异α-酸可直接加入啤酒中。通常于滤酒之前添加。

（四）酒花精油

酒花油主要是芳香成分，如果添加异构酒花浸膏，则酒花油成分被预先除掉了。此外，在煮沸锅加酒花的方法，其酒花油成分不是被挥发，就是被氧化，所以人们制出了许多纯度较高的酒花精油。提取方法有两种。

1. 常温酒花油蒸馏液

在常压下，利用水蒸气蒸馏法。水蒸气蒸出酒花中的酒花油，制成油水乳浊液。此液碳氢化合物比值大，而且含有一部分在蒸馏过程中形成的含硫化合物，此类物质浓度在$1\mu g/L$时就会使啤酒产生恶劣的气味。

2. 低温酒花油蒸馏液

在真空条件下，20℃左右，用水蒸气蒸馏法蒸出酒花中的酒花油，由此蒸出的馏分，绝大多数是酒花中原有的成分，未经什么变化，含硫物质也比较少，一些低溶解度的碳氢化合物被残留在酒花中而未被蒸出，因此，这种蒸馏液的碳氢化合物比值相对较低，它的风味相对较好。

低温蒸馏液蒸出后，可直接与水混合，配成 1000～2000mg/L 的乳化液，在贮酒时和滤酒时添加，其用量为 1/1000～1/4000，相当于啤酒中含有 0.25～1.0mg/L 的酒花油。

（五）四氢异构酒花浸膏

四氢异构酒花浸膏是采用液态二氧化碳技术萃取酒花中的 α-酸，并将其异构化后用氢还原其中两个不稳定的双键而制得。含 0.1kg/L 四氢异 α-酸的钾盐溶液，可提供没有后苦的纯净苦味，通常在精滤前清酒管道中添加。使用时取代 2～5BU 苦味质，即能显著增加啤酒泡持性和挂杯性；与低 α-酸酒花油配合使用，取代 100％酒花，能使啤酒抗日光臭，并显著改善啤酒的泡沫性能，包括泡沫的持久性和挂杯性能。

（六）颗粒酒花

颗粒酒花目前应用较为广泛，其生产方法简介如下。

颗粒酒花是酒花经粉碎压缩成型的。酒花干燥温度 55℃下，使干酒花水分为 5％～9％，易于被粉碎和均质。酒花在烘干后即以锤式粉碎机粉碎，粉碎后的酒花通过一定规格（1～10mm）的筛子筛出。应避免酒花粉在粉碎机中受热。然后在混合罐中均质，在将酒花粉送入颗粒压制机中，借助于压力辊并通过铸模孔将酒花压制成颗粒。铸模通过干冰或液氮冷却。酒花在 −40～−30℃下挤压成型，颗粒直径 6mm 左右，长 15mm 左右，包装之前使其达到室温。包装时保持真空状态，或再次充入氮气或二氧化碳后常压包装。可在低于 20℃下长期贮存。其体积比酒花减少 80％，有效成分利用率比全酒花高 20％。

颗粒酒花商品分为 90 型、45 型颗粒酒花两种。90 型属自然加工型，45 型属增富型颗粒酒花。

90 型与普通酒花的区别只是在于去除少量水分。45 型是增富型颗粒酒花，已去除约 50％的叶和茎。

45 型颗粒酒花的特征是：颗粒呈橄榄绿色，α-酸 10％～14％；酒花香味太明显，老化后觉得不舒服。

四、免煮沸酒花制品在啤酒酿造中的应用

免煮沸酒花制品可分两种类型：一类为苦型制品，包括异构酒花浸膏、二

氢（还原）异构酒花浸膏、四氢异构酒花浸膏、六氢异构酒花浸膏；另一类为香型制品，包括乳化酒花油、酒花精油（不含倍半萜烯）和啤酒厂特制酒花精油，其香味类型可分为"香料"、"花香"、"草香"、"柑橘香"、"酯香"（果香）等。

使用免煮沸酒花制品有利于啤酒新品种的开发，因为通常在发酵后期添加，使生产过程更具灵活性，可使啤酒中的香气更加浓郁、苦味更趋柔和、泡沫持久挂杯、抗光性强，特别适于无色瓶啤酒的生产。

煮沸时添加酒花物质，其酒花苦味利用率仅为 25%，而发酵后添加苦型及香型酒花制品可达 40%～75%，同时还可增加啤酒的泡持性和风味稳定性。

香型免煮沸酒花制品的添加可在煮沸锅、回旋沉淀槽、啤酒过滤前添加，如果使用水溶性酒花精油（PHA），可直接在啤酒过滤后添加。采用计量泵时应保证在大于 70% 的时间内均匀添加，使用纯酒花油要先进行乳化后再添加，添加量 0.5～2.0mg/L。

为解决啤酒酒花香味缺乏典型性、口感粗糙，前苦、后苦和香味不协调等口味问题，在酿造时少用苦型酒花，多用苦香兼优型、香型酒花和免煮沸酒花制品，以获得更多的酒花中的优质酚类物质、苦味细腻的 β-酸和精油类香味组分，彻底解决淡爽型啤酒口味淡薄、泡持性差和酒花香味不突出的缺陷。

第四节　酶制剂

一、酶制剂的种类及其作用机理

啤酒生产从传统的全麦芽啤酒逐步向添加辅料和外加酶制剂的方向发展，外加酶的范围已从糊化、糖化发展到主发酵、后发酵、贮酒和灌装等各个环节，从某种意义上说，各种酶的添加是现代啤酒酿造技术进步的一个重要标志。

1. 提高辅料比

麦芽中的 α-淀粉酶可以糖化 3 倍麦芽的淀粉原料，而所含 β-淀粉酶除用于糖化麦芽本身的淀粉外已所剩无几。因此，当辅料的比例提高到 30% 以上时，由于未发芽谷类辅料所含酶的数量较少，仅仅靠麦芽本身的酶是不够的。糖化过程中外加淀粉水解酶类和复合酶，能够促进辅料中淀粉、蛋白质等的水解，获得合理的麦芽汁组成，有助于提高辅料比，降低生产成本。

2. 生产代用麦芽汁

使用耐高温 α-淀粉酶、β-淀粉酶、普鲁兰酶和蛋白酶制取的啤酒麦芽糖浆和功能性低聚糖浆代替原辅料，这是啤酒生产上利用酶制剂缓解糖化能力不足、提高啤酒产量的一项新举措。

3. 改善麦芽汁质量

① 加快过滤速度　谷物原料中含有较多量的多糖如 β-葡聚糖、戊聚糖等，这些成分有胶体的性质，如果在糖化过程中没有足够的酶起作用，往往使得麦芽汁的收得率低，同时还产生过滤困难、啤酒澄清差等问题。通过使用 β-葡聚糖酶、半纤维素酶，降解谷物原料中胚乳细胞壁，使得淀粉粒呈松散状态，则可显著改善麦芽汁过滤性能、利于啤酒酿造。

② 提高发酵度　麦芽汁制备时添加高转化率的液体糖化酶、β-淀粉酶、真菌淀粉酶、啤酒复合酶等，可增加麦芽汁中糖/非糖的比例，从而生产发酵度控制在 75% 左右的干啤酒。

③ 提供足够的 α-氨基氮　α-氨基氮是酵母进行发酵的主要氮源，但在使用质量差的麦芽或辅料超过 30% 时，常常会导致麦芽汁的 α-氨基氮达不到 $185\sim200mg/L$ 的最佳范围。蛋白酶能将高分子蛋白质分解成中低分子的蛋白质、氨基酸和肽，不仅为酵母正常发酵提供 α-氨基氮，而且对啤酒的泡沫特性、风味以及非生物稳定性有十分重要的作用。

4. 提高啤酒品质

① 降低麦芽汁色泽　外加酶可以缩短糖化时间，减少麦皮中色素、单宁等不良杂质在糖化过程中浸出，从而降低麦芽汁色泽，有利于生产淡爽型啤酒。

② 促进啤酒风味成熟　啤酒中双乙酰是啤酒成熟的主要指标。乙酰乳酸脱羧酶可调节双乙酰前体物质走支路代谢途径直接分解成乙偶姻，进而转化成 2，3-丁二醇，使双乙酰在啤酒中含量大大降低，从而保证啤酒的风味质量。

③ 提高啤酒非生物稳定性　啤酒中的多酚、多肽及二价金属离子等由低分子量向高分子量缩聚，可引起啤酒的浑浊，其中，多酚的聚合为主要原因，这种现象主要形成于发酵后期阶段。添加蛋白酶可以分解蛋白质或改变其电性，使之不与多酚物质结合，有效地防止了冷浑浊，从而提高啤酒的非生物稳定性。

④ 防止啤酒风味老化　啤酒的风味物质主要是高级醇、酮类、醛类、双乙酰等酵母代谢副产物，而影响啤酒风味的主要物质是含羧基、醛基、硫基化合物及烯醇等，这些物质又极易氧化，改变了它们原有的性质，使啤酒失去新鲜味而产生不愉快的苦涩味、老化味及其他异味。啤酒生产中常常加入葡萄糖氧化酶使氧与瓶颈中的葡萄糖生成葡萄糖酸内酯而消耗溶解氧，可起到除氧和抑菌的作用，从而保持风味不发生变化。合理使用葡萄糖氧化酶可以有效防止啤酒的老化、变质，保持啤酒特有的色、香、味。

⑤ 消除杂菌污染　在啤酒生产过程中，防止杂菌污染十分重要。杂菌中以占 66% 的乳酸杆菌为主，采用高效溶菌酶，可以有效抑杀有害杂菌。溶菌酶是

一种催化革兰氏阳性菌细胞壁中的肽多糖水解的酶，破坏细菌的细胞壁，使细胞溶解死亡，在纯生啤酒生产中效果良好。

二、酶制剂的使用原则

1. 根据需要选用酶制剂

应用于啤酒生产的酶制剂有很多，由于酶的专一性而各自具有不同的作用。啤酒企业首先要明确自己用酶的目的，然后去选择能够达到目的的酶制剂。一般来说，啤酒生产厂家应结合本厂产品的风格、生产原料的质量、生产工艺的各种参数和生产成本等因素，选择适合于生产工艺和产品目的的酶制剂。

2. 选用高质量的酶制剂

酶制剂生产企业繁多，由于酶的来源、生产技术和装备水平不同而导致产品之间的质量存在差异，其中主要是酶制剂的纯度和卫生指标。一般而言，酶的纯度以高为好，卫生指标应符合联合国粮农组织（FAO）和世界卫生组织（WHO）对酶制剂所作的规定。使用劣质酶制剂产品会生成一些不需要的物质甚至造成污染，对啤酒的色、香、味和泡沫特性带来不利影响。

3. 确定酶制剂最佳用量

酶制剂用量不是一成不变的，应根据生产实际在实验的基础上灵活调整。酶制剂用量与酶的活力有关，企业确定酶的用量首先要检测产品的酶活力是否与标识一致；然后根据生产商推荐的添加量，设计用量梯度方案进行实验，在保证作用效果的前提下选择最低的添加量。用酶过量会使酶与底物之间失去平衡，形成过度分解，在工艺和啤酒口感方面出现异常。

4. 发挥酶制剂的最佳效果

酶制剂使用时应注意添加细节，控制好生产过程中的酶液浓度、pH值、温度、激活剂和作用时间等因素，创造一个有利于酶制剂发挥最佳作用效果的外部环境，获得理想的啤酒产品质量。同时，复合酶使用时必须明确其主要功用和辅助功用，加强针对性，酶作用条件的安排应以主要酶的工艺条件为主，兼顾其他辅助酶。

5. 避免酶制剂的残留

一些酶制剂具有较高的失活条件，如木瓜蛋白酶在啤酒经过 60℃ 杀菌后仍具有活性。若添加阶段不当，酶制剂就会残留在成品啤酒中，带来产品风味的变化。例如，为提高发酵度而在发酵环节使用液体糖化酶，由于巴氏杀菌过程无法使其失活（完全失活需 200PU 以上），啤酒在保质期内会出现口味变甜的现象。

第五节　酿造用水

一、水源

自然界水源种类有：雨水、雪水；地表水（江、河、湖、水库水和浅井水）；地下水（深井水、泉水）；冰水；海水。啤酒厂选择水源的原则既要考虑水量充沛和稳定，又要基本符合我国生活饮用水标准（GB5749），另外冷却水的水温越低越好。综合各种水源的水质特性，啤酒厂的水源应优先考虑采用地下水。地下水的水质特点如下。

① 水质清洁，含有机物、悬浮物、胶体物质少。

② 水的温度稳定，水温一般在 5～24℃之间，不受气温和季节影响。

③ 水生生物少，没有或很少有微生物，没有致病菌和水生动物及水生植物。

④ 溶解盐类高，硬度高。

但在使用地下水时应注意，应优先选择浅层地下水，其次是深层地下水。某些地下水经含矿盐层时，会受到各种金属矿岩的污染，同时水的硬度高，因此生产应用时，应根据具体要求做相应处理。除地下水外，选择其他水源的次序是：①城市自来水；②湖泊水、水库水；③河水。

二、酿造用水的要求

成品啤酒中水的含量最大，俗称啤酒的"血液"，水质的好坏将直接影响啤酒的质量，因此酿造优质的啤酒必须有优质的水源。酿造用水的水质好坏主要取决于水中溶解盐的种类与含量、水的生物学纯净度及气味，这些因素将对啤酒酿造、啤酒风味和稳定性产生很大影响，因此必须重视酿造用水的质量。

啤酒酿造用水分为广义和狭义酿造用水。广义的啤酒酿造用水是指啤酒生产过程各环节的用水，包括制麦用水、糖化用水、容器和机械的洗涤用水、锅炉用水、冷却用水等。通常所说的酿造用水指的是狭义酿造用水，也就是糖化、麦糟洗涤和高浓度稀释用水，这部分水直接参与工艺反应，是麦芽汁和啤酒的组成成分，所以对这一部分水的水质要求就显得尤为重要。

水是啤酒酿造中使用最多的原料，酿造水被称为"啤酒的血液"。世界著名啤酒的特色都是由各自酿造用水的水质所决定的，酿造用水不仅直接影响着酿造的全过程，而且还决定着产品的质量和风味。水中含有一定量的各种阳离子和阴离子，这些离子对糖化过程酶的作用、物质的转化、麦芽汁的组成、发酵过程以及啤酒的质量产生特有的影响。

总体上讲，酿造用水的质量可从以下几方面综合评价：感官质量，微生物状况，pH 值，硬度和碱度，其他溶解物质的含量。

酿造用水直接进入啤酒，是啤酒中最重要的成分之一。酿造用水除必须符合饮用水标准外，还要满足啤酒生产的特殊要求。淡色啤酒的酿造用水质量要求见表 2-1。

表 2-1　淡色啤酒酿造用水质量要求

项目	单位	理想要求	最高极限	原因
浑浊度		透明,无沉淀	透明,无沉淀	影响麦芽汁浊度,啤酒容易浑浊
色		无色	无色	有色水是污染的水,不能使用
味		20℃无味,50℃无味	20℃无味,50℃无味	若有异味,污染啤酒,口味恶劣
残余碱度 (RA)	°d	≤3	≤5(淡色啤酒)	影响糖化醪 pH 值,使啤酒的风味改变。总硬度 5~20°d,对深色啤酒 RA>5°d,黑啤酒 RA>10°d
pH 值		6.8~7.2	6.5~7.8	不利于糖化时酶发挥作用,造成糖化困难,增加麦皮色素的溶出,使啤酒色度增加、口味不佳
总溶解盐类	mg/L	150~200	<500	含盐过高,使啤酒口味苦涩、粗糙
硝酸根态氮 (以氮计)	mg/L	<0.2	0.5	会妨碍发酵,饮用水硝酸盐含量规定<50mg/L
亚硝酸根态氮(以氮计)	mg/L	0	0.05	影响糖化进行,妨碍酵母发酵,使酵母变异,口味改变,并有致癌作用
氨态氮	mg/L	0	0.5	表明水源受污染的程度
氯化物	mg/L	20~60	<100	适量,糖化时促进酶的作用,提高酵母活性,啤酒口味柔和;过量,引起酵母早衰,啤酒有咸味
硫酸盐	mg/L	<100	240	过量使啤酒涩味重
铁	mg/L	<0.05	<0.1	过量水呈红或褐色,有铁腥味,麦芽汁色泽暗
锰	mg/L	<0.03	<0.1	过量使啤酒缺乏光泽,口味粗糙
硅酸盐	mg/L	<20	<50	麦芽汁不清,发酵时形成胶团,影响发酵和过滤,引起啤酒浑浊,口味粗糙
高锰酸钾消耗量	mg/L	<3	<10	超过 10mg/L 时,有机物污染严重,不能使用
微生物			细菌总数<100个/mL,不得有大肠杆菌和八叠球菌	超标对人体健康有害

三、水中影响啤酒质量的主要因素

1. 水的硬度

水中所含钙离子、镁离子和水中存在的碳酸根离子、硫酸根离子、氯离子、硝酸根离子所形成盐类的浓度称为水的硬度。我国规定 1L 水中含有 10mg 氧化钙为 $1°d$（德国度）。淡色啤酒要求使用 $8°d$ 以下的软水，深色啤酒可用 $12°d$ 以上的硬水。硬度的法定计量单位是以 mmol/L 表示的，$1mmol/L = 2.804°d$。

水的硬度分为暂时硬度（也称为碳酸盐硬度，指水中钙、镁的碳酸氢盐浓度）、永久硬度（也称为非碳酸盐硬度，指水中钙、镁的硫酸盐、碳酸盐、硝酸盐等浓度）和负硬度（含钾、钠的碳酸氢盐浓度），也可以钙硬度和镁硬度来分类，见表 2-2。

表 2-2   水中钙硬度和镁硬度的分类

总硬度	
钙硬度	镁硬度
$Ca(HCO_3)_2$	$Mg(HCO_3)_2$
$CaSO_4$	$Mg SO_4$
$CaCl_2$	$Mg Cl_2$
$Ca(NO_3)_2$	$Mg(NO_3)_2$

水的残余碱度（residue alkalinity，RA）是对水中具有降酸作用和增酸离子的综合评价，可以预测水中碳酸氢盐、钙硬度、镁硬度对麦芽汁和啤酒的影响程度，是衡量水质的一项重要指标。

$$水的残余碱度（RA）= 水的总碱度 - 抵消碱度$$

当水中不含 $NaHCO_3$ 时，水中的 HCO_3^- 主要与 Ca^{2+}、Mg^{2+} 结合，成为相应的盐，此时，水的总碱度（GA）就是水的碳酸盐硬度（暂时硬度），两者表示方法相同，均以 mmol/L 表示。如果水中含有 $NaHCO_3$，则水的总硬度大于碳酸盐硬度，此水呈负硬度。

抵消碱度是指 Ca^{2+}、Mg^{2+} 的增酸效应抵消碳酸氢盐降酸作用所形成的碱度。

抵消碱度为：钙硬度/3.5 ＋ 镁硬度/7

因此，水的残余碱度（RA）为：RA＝GA－（钙硬度/3.5 ＋ 镁硬度/7）

酿造不同的啤酒，对水的 RA 值要求也不同。淡色啤酒 RA 值≤$5°d$，深色啤酒 RA 值＞$5°d$，黑色啤酒 RA 值＞$10°d$。

若酿造淡色啤酒，除 RA 值之外，总硬度应＜$35°d$（视 RA 值而定）；非碳酸盐硬度与碳酸盐硬度的比值为（2.5～3.0）∶1；钙硬度∶镁硬度＞3∶1。但一般酿造水很难达到，可以通过调酸去暂时硬度，加入钙盐增加永久硬度来改善比值。加酸能显著降低 RA 值，但在实际生产中单靠加酸来降低 RA 值，不仅增加了产品成本也很难达到好效果。当水总硬度和暂时硬度都很高时，应考虑采用其他方法对水进行处理，降低总硬度和暂时硬度，这样才能从根本上达到改良水质的目的。

水的硬度并非愈小愈好，实验证明水的硬度过小对酵母的生长繁殖不利。表现在发酵过程中，会出现降糖缓慢，发酵时间过长，易染菌等现象。所以对水的硬度的要求，应根据所使用的酵母菌种和产品的类型而定。

不同地区的水，具有不同的总硬度，并且可以酿制出不同类型的啤酒。

当 Ca^{2+} 含量在 $40\sim70mg/L$ 之间，能保持啤酒糖化时淀粉液化酶的耐热性。如麦芽汁含 Ca^{2+} 在 $80\sim100mg/L$ 时，可促进麦芽汁煮沸时形成单宁-蛋白质-钙的复合物，有利于热凝固蛋白质的絮凝。啤酒发酵中有 $30\ mg/L$ 以上 Ca^{2+} 时，能促进酵母的凝聚性，也能促进形成草酸钙（啤酒石）的沉结。但过多 Ca^{2+} 会阻碍酒花 α-酸的异构，并使酒花苦味变得粗糙。

Mg^{2+} 的影响和钙相似，在麦芽中含量约为 $130mg/L$。啤酒酿造用水含有 $10\sim15mg/L$ 的 Mg^{2+} 已足够，不宜超过 $80mg/L$。当啤酒中含 Mg^{2+} 超过 $40mg/L$ 时，会使啤酒变得干、苦味重。据相关资料报道，啤酒中的 Ca^{2+}、Mg^{2+} 平衡对啤酒风味有重要影响，当 $Ca^{2+}：Mg^{2+}=47：24$，啤酒有柔和协调的风味。

2. 水中离子对 pH 值的影响

水中的离子如钙、镁和碳酸氢根离子对糖化醪液和麦芽汁的 pH 值影响较大，具体如下。

（1）碳酸氢盐的降酸作用　麦芽中的磷酸二氢钾使麦芽醪偏向酸性，并与水中形成暂时硬度的碳酸氢盐反应，生成 K_2HPO_4 而使醪液酸度降低，pH 值上升。

$$2KH_2PO_4 + Ca(HCO_3)_2 = CaHPO_4 + K_2HPO_4 + 2H_2O + 2CO_2\uparrow$$

有过量的 $Ca(HCO_3)_2$ 存在时，则上述反应继续，形成 $Ca_3(PO_4)_2$ 沉淀。

$$4KH_2PO_4 + 3Ca(HCO_3)_2 = Ca_3(PO_4)_2\downarrow + 2K_2HPO_4 + 2H_2O + 2CO_2\uparrow$$

同理：

$$2KH_2PO_4 + Mg(HCO_3)_2 = MgHPO_4 + K_2HPO_4 + 2H_2O + 2CO_2\uparrow$$

酿造水中，镁离子含量一般较钙离子低，不易进行到 $Mg_3(PO_4)_2$，而只形成 $MgHPO_4$ 为止。$MgHPO_4$ 呈碱性，溶解于水，与碱性的 K_2HPO_4 共存，使醪液酸度降低，pH 值上升。因此，$Mg(HCO_3)_2$ 降酸作用比 $Ca(HCO_3)_2$ 强。

水中的碳酸氢钙（镁）可使麦芽醪液中的磷酸二氢钾转变成磷酸氢二钾，使麦芽醪液酸度下降。酸度下降会给生产工艺带来诸多的不便，如：影响酶的最适作用条件，糖化效果差，麦芽汁收得率降低，可发酵性糖降低，酒花苦味粗糙，发酵缓慢，发酵时间延长，发酵度降低。

（2）Ca^{2+}、Mg^{2+} 的增酸作用 K_2HPO_4 与形成永久硬度的硫酸盐（或氯化物）作用，使碱性的 K_2HPO_4 又恢复为酸性的 KH_2PO_4。

$$4K_2HPO_4 + 3CaSO_4 \rightleftharpoons Ca_3(PO_4)_2\downarrow + 2KH_2PO_4 + 3K_2SO_4$$

同理：

$$4K_2HPO_4 + 3MgSO_4 \rightleftharpoons Mg_3(PO_4)_2\downarrow + 2KH_2PO_4 + 3K_2SO_4$$

由于 $MgSO_4$ 形成的酸性 KH_2PO_4 较 $CaSO_4$ 形成的少，Ca^{2+} 的增酸作用强，是 Mg^{2+} 的 2 倍，且 Mg^{2+} 的风味欠佳，生产中采用 $CaSO_4$ 或 $CaCl_2$ 增酸，调节 pH 值。

3. Na^+、K^+ 的影响

啤酒中钠和钾主要来自原料，其次才是酿造水。啤酒中 Na^+、K^+ 过高容易使浅色啤酒变得粗糙，不柔和，一般啤酒中 $Na^+ : K^+$ 常常在（50～100）：（300～400）。因此要求酿造用水中的 Na^+、K^+ 含量较低，若两者超过 100mg/L，则这种水不适宜酿造浅色啤酒。

4. Fe^{2+}、Mn^{2+} 的影响

优质啤酒含 Fe^{2+} 应少于 0.1mg/L，若啤酒中含 $Fe^{2+} > 0.5$mg/L，会使啤酒泡沫不洁白，加速啤酒的氧化浑浊。若啤酒中含 $Fe^{2+} > 1$mg/L 会使啤酒着色，并具有空洞感，铁腥味。酿造水中的 Fe^{2+} 最高限量，文献报道不一，一般认为应低于 0.2～0.3mg/L。

Mn^{2+} 对啤酒影响与 Fe^{2+} 相似，同时它是多种酶的辅基，尤其能促进蛋白酶活性。当 Mn^{2+} 水平超过 0.5mg/L 时，会干扰发酵，并使啤酒着色。酿造水中 Mn^{2+} 应低于 0.2mg/L。

5. Pb^{2+}、Sn^{2+}、Cr^{6+}、Zn^{2+} 等的影响

重金属是酵母的毒物，会使酶失活，导致啤酒浑浊。除 Zn^{2+} 以外的重金属离子在酿造水中均应低于 0.05mg/L。

Zn^{2+} 是酵母生长必需的无机离子，如果麦芽汁中含有 0.1～0.5mg/L 的 Zn^{2+}，酵母能旺盛生长，发酵力强，同时它还能增强啤酒泡沫的强度。酿造用水中 Zn^{2+} 可以放宽到低于 2mg/L。

6. SO_4^{2-} 的影响

酿造水中 SO_4^{2-} 经常和 Ca^{2+} 结合，在酿造中能消除 HCO_3^- 引起的碱度和促进蛋白质絮凝，有利于麦芽汁的澄清。酿造浅色啤酒的水中含 SO_4^{2-} 可以在 50～70mg/L 之间，过多也会引起啤酒的干苦和不愉快味道，使啤酒的挥发性硫化物的含量增加。

7. Cl^- 的影响

Cl^- 对啤酒的澄清和胶体稳定性有重要作用。Cl^- 能赋予啤酒丰满的酒体，

爽口、柔和的风味。酿造水中 Cl^- 含量应在 $20\sim60mg/L$ 之间,最高不能超过 $100mg/L$。麦芽汁中 $Cl^->300mg/L$ 时,会引起酵母早衰、发酵不完全和啤酒口味粗糙。现在啤酒酿造水改良时,常用 $CaCl_2$ 代替 $CaSO_4$,因为它不形成苦涩的 $MgSO_4$ 沉淀。

8. NO_2^-、NO_3^- 的影响

NO_2^- 是国际公认的致癌物质,也是酵母的强烈毒素,它会改变酵母的遗传和发酵性状,甚至抑制发酵。在糖化时会破坏酶蛋白,抑制糖化,它还能给啤酒带来不愉快的气味,酿造水中应不含有 NO_2^-。当它的含量 $>0.1mg/L$ 时,这种水应禁止作为酿造水。

NO_3^- 有害作用较小,清洁水中很少有多量的 NO_3^-。在受到生物废物特别是粪便污染时,水会含有较高的 NO_3^-。饮用水的 NO_3^- 标准为 $<5.0mg/L$,与啤酒酿造用水的要求相近。

9. F^- 的影响

啤酒酿造水中如果 $F^->10mg/L$ 会抑制酵母生长,使发酵不正常。酿造用水不应含有 F^-。

10. SiO_3^{2-}、SiO_2 的影响

几乎所有的天然水中均含有 SiO_3^{2-},火山地带的水中 SiO_3^{2-} 的含量高达 $50\sim100mg/L$。硅酸在啤酒酿造中会和蛋白质结合,形成胶体浑浊,在发酵时也会形成胶团吸附在酵母上,降低发酵度,并使啤酒过滤困难。因此高含量的硅酸是酿造水的有害物质。慕尼黑的水含 SiO_3^{2-} 为 $5.6mg/L$,比尔森酿造水 SiO_3^{2-} 的含量为 $12mg/L$,一般认为 SiO_3^{2-} 含量 $>50mg/L$ 的水是绝对不能用于酿造啤酒的。

11. 余氯的影

天然水不含余氯。自来水中的余氯是供水厂在水处理中加氯气或漂白粉消毒带来的。

啤酒酿造水中应绝对避免有余氯的存在。因其是强烈的氧化剂,会破坏酶的活性,抑制酵母发酵。所以,用自来水或自供水(用氯消毒的水)做酿造水时必须经过活性炭脱氯。

四、水的处理方法与操作

1. 加酸法

加酸可将碳酸盐硬度转变为非碳酸盐硬度,使水的残余碱度降低,降低麦芽汁的 pH 值,使糖化操作能够顺利进行。

酸的种类有乳酸、磷酸、盐酸或硫酸,一般以加乳酸者多。推荐将食用磷酸和盐酸或硫酸结合使用,其中糖化锅、调节洗糟用水 pH 值可添加盐酸或硫酸,并且可以取消石膏或氯化钙。调节煮沸锅麦芽汁 pH 值可用磷酸或乳酸。加酸量除与 pH 值有关外,还要注意定型麦芽汁的总酸含量不能超标。

2. 加石膏或氯化钙

加石膏可以消除碳酸氢根和碳酸根的碱度,消除磷酸氢钾的碱性,起到调整水中钙离子浓度等作用。

3. 电渗析法

工作原理:水中的溶解盐类,多数以离子形式存在,在外加直流电场的作用下,利用阴、阳离子交换膜,使水中离子具有选择透过性的特点,使水中一部分离子迁移到另一部分水中,从而达到除去盐类的目的。一般除盐率达到 58%～68%,既可以降低水的硬度,pH 值也能达到使用要求。

4. 反渗透法

反渗透法处理水的原理是:待处理原水在外界高压下,克服水溶液本身的渗透压,使水分子通过半渗透膜,而盐类不能透过,达到除去水中各种盐类、降低水的硬度和除去有害离子的作用。

5. 石灰水法

酿造淡色啤酒时,通常采用石灰水法处理碳酸盐硬度较高($8°d$ 以上)而永久硬度较低的酿造用水。水中的镁硬度小于 $3°d$ 时,通常采用一步法;碳酸盐硬度较高($8°d$ 以上)而永久硬度较低的酿造用水,水中的镁硬度较高时,采用石灰水二步法处理。

6. 离子交换法

离子交换法在水处理和制造高纯水中应用最广泛,大型啤酒企业酿造水的处理常采用此法。

基本原理:离子交换法是用一种离子交换剂和水中溶解的某些阴、阳离子发生交换反应,借以除去水中有害离子。在交换反应中,水中离子被离子交换剂吸附,离子交换剂中的氢离子和氢氧根离子进入水中,从而除去水中存在的阴、阳两类离子。吸附水中离子的离子交换剂,可通过盐酸、氢氧化钠洗涤再生,反复使用。

第三章 麦芽汁制备

　　麦芽汁的制备是啤酒生产的开始，麦芽汁的制备技术决定着麦芽汁的质量和麦芽汁的收得率，进而影响啤酒的质量和啤酒的产量。本章主要介绍原料的粉碎、糖化的理论、麦芽汁的过滤和煮沸、麦芽汁的处理、麦芽汁收得率的计算及麦芽汁制备的新技术与新设备等内容。主要目的是熟悉麦芽汁制备的过程，掌握制备麦芽汁的基本理论，熟练掌握麦芽汁制备（包括麦芽的粉碎、糖化、过滤、麦芽汁的煮沸与麦芽汁的处理）的方法与生产技术，了解麦芽汁制备过程中相关设备的种类、操作与维护，了解麦芽汁收得率的计算方法以及麦芽汁制备的新技术与新设备。以全面系统地掌握麦芽汁的制备技术，为做好此项工作打下坚实的基础。

　　麦芽汁制备俗称糖化，它是啤酒生产的重要工序，是将粉碎后的麦芽及辅料中的高分子物质在酶的作用下，转化为低分子的可发酵糖和含氮化合物的过程。

　　麦芽汁制备主要在糖化车间进行，包括原料的粉碎、糊化、糖化、麦芽醪的过滤、麦芽汁添加酒花煮沸、麦芽汁的处理、麦芽汁冷却、通氧等过程。

　　其工艺流程见图 3-1。

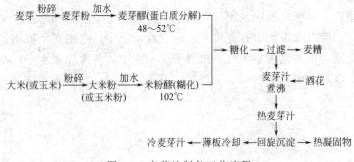

图 3-1　麦芽汁制备工艺流程

　　麦芽汁制备的方法没有大的改变，而在制备麦芽汁的设备方面进步较快，主要是在提高浸出率、缩短糖化时间、提高麦芽汁质量等方面有了较大提高。在设备的组合方面更注意生产的灵活性与操作的合理性。

第一节 原料粉碎

麦芽和辅助原料的粉碎，是制备麦芽汁的第一步，其粉碎的程度对糖化工艺操作、麦芽汁组成比例，以及原料利用率的高低都是非常重要的。

一、原料的预处理

麦芽在粉碎之前应去除麦芽中的脏物，并按单锅投料量称重备料。虽然在麦芽制造之前已进行过处理，但仍可能存在与麦粒大小相同的石子或小铁块进入到成品麦芽中。如不除去，就会破坏粉碎辊上的拉丝，甚至形成火花，导致粉尘爆炸。因此，在粉碎之前，对麦芽要通过磁力分离器进行除铁，并同时进行除尘，将粉尘收集到粉尘立仓中。

利用自动计量秤进行称量，自动计量秤可分倾翻计量秤和电子计量秤两种形式。电子计量秤由于处理能力较大，又有一定的校正能力和可用计算机支持而广为使用，它可以满足物料称量、记录和累计等各种要求。

二、粉碎的目的与要求

制备麦芽汁需尽可能使酶和麦芽内容物接触，并为酶的作用创造适宜的条件，也为麦芽汁的过滤与澄清创造优良的条件。

（一）粉碎的目的

① 增加原料内容物与水的接触面积，使淀粉颗粒很快吸水软化、膨胀以至溶解。

② 使麦芽可溶性物质容易浸出，麦芽中的可溶性物质粉碎前被表皮包裹不易浸出，粉碎后增加了与水和酶的接触面积而易于溶解。

③ 促进难溶解性的物质溶解。

麦芽中没有被溶解的物质，辅料中的大部分物质也是难溶解的，必须经过酶的作用或热处理才能变得易于溶解。粉碎可增大与水和酶的接触面积，使难溶性物质变成可溶性物质。

（二）粉碎的要求

粉碎时要求麦芽的皮壳破而不碎，胚乳适当的细，并注意提高粗细粉粒的均匀性。辅助原料（如大米）的粉碎越细越好，以增加浸出物的收得率。对麦芽粉碎的要求，根据过滤设备的不同而不同。对于过滤槽，是以麦皮作为过滤介质，所以对粉碎的要求较高，粉碎时皮壳不可太碎，以免因过碎造成麦糟层的渗透性变差，造成过滤困难，延长过滤时间。由于麦皮中含有苦味物质、色素、单宁等有害物质，粉碎过细还会使啤酒色泽加深，口味变差，也会影响麦芽汁收得率。因此在麦芽粉碎时要尽最大可能使麦皮不被破坏。如果使麦皮潮湿，弹性就会增大，可以更好地保护麦皮不被破碎，加快过滤速度。如若过粗，又会一定程度影响滤出麦芽汁的清亮度，影响麦芽有效成分的利用，降低麦芽汁浸出率。

如果采用压滤机，上述所谈的观点均不适用，因为压滤机是以聚丙烯滤布作为过滤介质进行过滤的。所以更适宜细粉碎，以提高收得率。

三、粉碎的方法

(一) 麦芽粉碎

麦芽粉碎常采用干法粉碎、湿法粉碎、回潮粉碎和连续浸渍增湿粉碎四种方法。

1. 干法粉碎

干法粉碎是传统的粉碎方法，要求麦芽水分在 6％～8％为宜，此时麦粒松脆，便于控制浸麦度，其缺点是粉尘较大，麦皮易碎，容易影响麦芽汁过滤及啤酒的口味和色泽。国内中小啤酒企业普遍采用。目前基本上采用辊式粉碎机，有对辊、四辊、五辊和六辊之分。

2. 湿法粉碎

所谓湿法粉碎，是将麦芽用 20～50℃的温水浸泡 15～20min，使麦芽含水量达 25％～30％之后，再用湿式粉碎机粉碎，之后兑入 30～40℃的水调浆，泵入糖化锅。其优点是麦皮比较完整，过滤时间缩短，糖化效果好，麦芽汁清亮，对溶解不良的麦芽，可提高浸出率（1％～2％）。缺点是动力消耗大，每吨麦芽粉碎的电耗比干法高 20％～30％；另外，由于每次投料麦芽同时浸泡，而粉碎时间不一，使其溶解性产生差异，糖化也不均一。

3. 回潮粉碎

又叫增湿粉碎，是介于干、湿法中间的一种方法。是在很短时间里向麦芽通入蒸汽或一定温度的热水，使麦壳增湿，使麦皮具有弹性而不破碎，粉碎时保持相对完整，有利于过滤。而胚乳水分保持不变，利于粉碎。增湿时可用 50kPa 的干蒸汽处理 30～40s，增湿 0.7％～1.0％。也可用 40～50℃的热水，在 3～4m 的螺旋输送机中喷雾 90～120s，增重 1％～2％，增湿后麦皮体积可增加 10％～25％。其优点是麦皮破而不碎，可加快麦芽汁过滤速度，减少麦皮有害成分的浸出。蒸汽增湿时，应控制麦温在 50℃以下，以免破坏酶的活性。

增湿粉碎系 20 世纪 60 年代推出的粉碎方法，由于其控制方法及操作比较困难，所以此法并未普及。

4. 连续浸渍增湿粉碎

此方法是 20 世纪 80 年代德国 Steinecher 和 Happman 等公司推出的改进型湿式粉碎。它将湿法粉碎和增湿粉碎有机地结合起来。已称量的干麦芽先进入麦芽暂存仓，然后在加料辊的作用下连续进入浸渍室，用温水浸渍 60s，使麦芽水分达到 23%～25%，麦皮变得富有弹性，随即进入粉碎机，边喷水边粉碎，粉碎后落入调浆槽，加水调浆后泵入糖化锅。

由于此法改进了前几种方法的缺点，减轻了辊子负荷，电耗接近干法粉碎，麦芽浸渍时间基本相等，麦芽溶解性一致，所以此法是采用过滤槽法过滤最好的麦芽粉碎方法。缺点是设备结构复杂，造价高，维修费用高。

各种不同粉碎方法的比较见表 3-1。

表 3-1　各种不同粉碎方法的比较

项目	干法粉碎	回潮粉碎	湿法粉碎	连续浸渍增湿粉碎
麦芽粉质量体积/(m³/t)	2.6	3.2	—	—
单位过滤面积麦芽容纳量/(kg/m² 麦糟层)	160～190	190～220	280～330	280～330
允许最大厚度/m	0.32	0.36	0.45～0.55	0.45～0.55
麦芽实验室浸出物收率/%	76.6	76.6	76.6	76.6
糖化室浸出物收率/%	73.0	75.4	76.1	76.1
麦糟中可洗出浸出物/%	—	—	0.48	0.41
麦糟可转化浸出物/%	—	—	1.25	0.93
麦汁色度/EBC	11.5	11.0	10.2	9.5

（二）辅料粉碎

由于辅料均是未发芽的谷物，胚乳比较坚硬，与麦芽相比所需的电能较大，对设备的损耗较大。对粉碎的要求是有较大的粉碎度，粉碎得细一些，有利于辅料的糊化和糖化。

辅料粉碎一般采用三辊或四辊的二级粉碎机，也有采用锤式粉碎机或磨盘式粉碎机。

四、粉碎设备的操作与维护

（一）粉碎设备及其操作要点

1. 麦芽粉碎机

麦芽粉碎机可分为锤式、辊式及湿法等多种形式。多采用湿法及辊式设备，锤式粉碎机已极少使用。

（1）对辊式麦芽粉碎机　是最简单的粉碎机，有一对拉丝辊，粉碎时两个辊相对转动，其中一个辊的转速是固定的，另一个则是可调的。操作时要保证麦芽均匀地分布于整个滚筒上，并且供料量适中，供料速度一致。操作时较难控制，特别是溶解不良的麦芽。至今有些小厂及微型啤酒厂仍在使用。

（2）四辊式麦芽粉碎机　又叫复式麦芽粉碎机（图 3-2），机上安装有两对辊筒。第一对辊筒起预粉碎作用（粗粉碎），预磨后的粉碎物在两对辊筒之间的振动筛上进行分离，只有粗粉碎物进到第二对辊中进行粉碎。而对带有打散辊的四辊粉碎机而言，则是通过打散辊，使细粉碎物分离出去，以达到相同的粉碎效果。经过预粉碎后，麦芽的体积增加约 50%，所以第二对辊的转速必须增大。如果麦芽溶解良好，预粉碎调节准确，麦皮的粉碎方可得到保证。如果预粉碎过粗，将增加第二对辊的负载；粉碎过细，麦皮又将粉碎过细，影响麦芽汁的过滤和麦芽汁的质量。

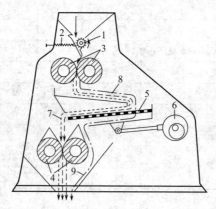

图 3-2　四辊式麦芽粉碎机工作原理

1—分配辊；2—进料调节；3—预磨辊；4—麦皮；5—振动筛；
6—偏心驱动装置；7—带有粗粒的麦皮；8—预磨粉碎物；9—细粉

两对辊之间的振动筛有两种安装方式。一种是将细粒和细粉组筛分后，将麦皮和粗粒送入第二对辊进行再粉碎。另一种则是通过双层筛，将细粒和细粉筛分出去，再将麦皮组分引出粉碎机，只将粗粒送入第二对辊粉碎。

（3）五辊式粉碎机　具有五个辊，也经过三道粉碎，其原理和六辊式粉碎机相同，只不过是其中的一个辊筒起着两种作用（图 3-3）。第二个粉碎辊既和第一个粉碎辊一起构成预磨辊组，又和第三个粉碎辊组成麦皮辊组。麦芽先经 2、3 辊粗磨，落入振动筛上，将麦皮与粗细粉分开，细粉进入料仓。麦皮经 3、4 辊辊轧，筛分后，麦皮和细粉进入料仓粗粒及 2、3 辊的粗粒一起进入粗粒辊。利用五辊式粉碎机，在粉碎机调节适当时，可以得到合适的麦芽粉碎物。

（4）六辊式粉碎机　它是最好、最常见的干法粉碎机，如图 3-4 所示。

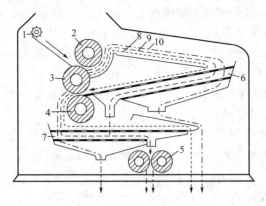

图 3-3　五辊式粉碎机工作原理

1—分配辊；2—预磨辊；3—预磨和麦皮辊；4—麦皮辊；5—粗粒辊；

6—上振动筛组；7—下振动筛组；8—带有粗粒的麦皮；9—粗粒；10—细粉

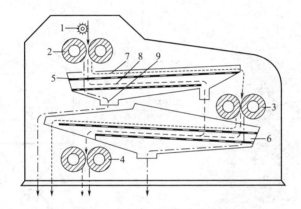

图 3-4　六辊式粉碎机工作原理

1—分配辊；2—预磨辊；3—麦皮辊；4—粗粒辊；5—上振动筛组；

6—下振动筛组；7—含有粗粒的麦皮；8—粗粒；9—细粉

　　共有三对辊，称为预磨辊、麦皮辊和粗粒辊。前两对辊为平面辊，第三对辊为拉丝辊（辊丝斜度 8：1）。每对辊之间都有两层筛孔大小不同的振动筛，可将粉碎物分成三类，即带有粗粒的谷皮、粗粒、细粒和细粉。细粉直接落入料仓，带有粗粒的谷皮进入第二对辊，粗粒进入第三对辊。第二对辊下来的产物也分为三类，粗粒与第一对辊所产生的粉碎物同时进入第三对辊子，而谷皮和细粉、细粒落入贮料仓。

　　（5）湿法粉碎机　麦芽湿法粉碎装置如图 3-5 所示。湿法粉碎就是将麦芽通过喷水浸渍和充以空气，使其水分达到 25%～30%，然后在此条件下，用对辊粉碎机粉碎，并同时调浆，泵入糖化锅。这样的粉碎物，麦皮完整，而胚乳则被磨成浆状细粒，既有利于麦芽汁过滤，又可增加麦芽浸出率。其操作要点如下。

① 自动称量后的麦芽送至粉碎机上面的麦芽暂存仓（麦斗）中，并用 30～50℃的水洗涤和浸渍麦芽 15～30min，使麦芽水分达到 28%～30%。

② 将洗涤水排入糖化槽，因洗涤水含有谷皮中有害物质，影响麦芽汁色泽和风味，可弃之不用，但将损失浸出物 0.3%～1.0%。

糖化用水量取决于麦芽浸泡仓中含浸出物的浸泡水量、粉碎时的添加水量以及粉碎机的后清洗用水量。

③ 浸渍后的麦芽用对辊粉碎机粉碎，辊筒上拉有轻丝，两辊间隙控制在 0.35～0.45mm 之间，边粉碎，边加水调浆，加水比为 1：3 以上，用泵打入糖化锅。

④ 送料后通过安装的喷嘴强烈冲洗麦斗和粉碎机。

（6）连续浸渍增湿粉碎机　连续浸渍增湿粉碎机如图 3-6 所示。此法增湿必须在约 1min 内进行，因为仅需让麦皮吸水变得有弹性。所以必须让麦芽在 1min 之内流过。可以使用旋转卸料器，或者使用无活动元件的增湿筒实现。其操作要点如下。

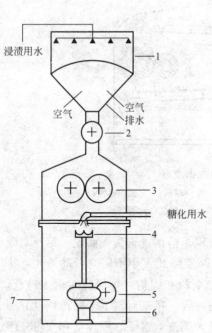

图 3-5　麦芽湿法粉碎装置

1—浸渍料斗；2—加料辊；3—粉碎对辊；
4—反射盘；5—泵传动；6—泵；7—醪槽

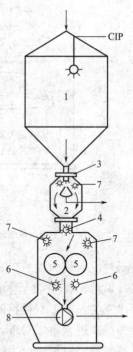

图 3-6　连续浸渍增湿粉碎机

1—麦芽暂存仓；2—增湿段；3—供水；4—进料辊；
5—粉碎辊；6—冲洗喷嘴；7—清洗喷嘴；8—麦浆泵

① 已称量好的干麦芽送入麦芽暂存仓（斗），使其连续流过增湿段。

② 用热水增湿约 60s，水温可自由选择，大多为 60～70℃。水温越高，麦芽

吸水越快，所以必须通过进料辊控制并调节此过程。使麦芽水分达 23%～25%。

③ 在粉碎辊的特殊丝槽中，潮湿却有弹性的麦皮可破而不碎，胚乳却得以很好地粉碎。辊间距可在 0.25～0.4mm 之间波动，粉碎辊的转速可根据麦芽的溶解情况进行调节，溶解差的麦芽进料速度可快一些，所以滚筒的转速可以低一些。

④ 通过喷嘴使适合糖化下料温度的水与粉碎物充分混合，并由麦浆泵将醪液送入糖化锅，避免吸收氧气。

2. 辅料粉碎机

辅料粉碎一般用三辊或四辊的二级粉碎机，第一和第二辊的辊间距为 0.2～0.3mm，辅料大米或脱脂玉米糁（粗粒）在此进行粗粉碎，过筛后粗粉和细粉直接进入贮仓。筛面粗粒再进入第二、第三辊筒，辊间距为 0.15～0.25mm，粉碎成粉。三辊均是拉丝辊。也有个别企业采用磨盘式磨米机，一次就能把辅料磨得较细，粉碎比可达 1∶20。

（二）粉碎机的维护与保养

① 粉碎机启动时应空车启动，开机前要检查机械部件、运行条件（电、水、风、润滑等）、辊间距、粉碎辊的转向、输送泵的状况等。开机时辊轴应松开，使在负荷较小的条件下先慢车启动，待达到正常转速后，再推上辊轴至应有位置，准备粉碎。

② 开启粉碎设备应依次开动清麦除灰及粉碎设备，原料输送设备，至运转正常，方能开启原料贮仓放料门进行工作。

③ 粉碎工作进行时，应维持均匀平衡进料。检查空转和负荷时电流表、辊的弹动、转数。如进料不稳，粉碎设备负荷忽高忽低，影响粉碎与糖化质量。

④ 辊距至少一月检查一次，检查槽式辊是否磨平，平滑辊是否损伤，以及振动筛和橡皮球的工作状况。

⑤ 粉碎与精选设备应定期进行清洁工作，除积灰、筛孔上嵌有的料粒、磁铁上吸着的铁块等。积灰不除去，堆积起来会堵塞原料道路，造成故障。筛孔嵌有米粒、杂物，不刷清会影响筛选效果，使灰粒杂质带入原料内，影响糖化质量与产量。磁铁上吸有的铁块杂质也应除去，不能带入原料内，以免粉碎时损坏辊轴丝纹。

⑥ 粉碎设备的传动部件，应按规定经常加油，保持润滑，每年一次大检查。运转部件应加防护设备，防止事故，而在运转过程应经常注意传动部件轴承是否发热，电流是否超负荷，麦浆泵是否密封，传动带是否松动，发现问题应立即停车并及时找出原因。

⑦ 原料贮仓的各批原料应用完后再进新原料，以免原料滞留过久而发热、受潮、发霉变质。

⑧ 预防粉尘爆炸。粉尘沉积层如果达到 5mm 厚时，当它在长时间受热下，200℃甚至 150℃就可以自燃。麦芽及粉尘的爆炸浓度介于 20～2000g/m³ 之间，当颗粒大小为 100mm 时，粉尘雾 20g/m³ 就会引起爆炸。

预防措施：每次粉碎后及时除掉粉尘沉积层或设有防爆层。减少热表面，避免火焰，电气焊时应有特别保护措施。立仓应带有排风装置。

五、麦芽粉碎的技术条件

麦芽的粉碎程度常用粉碎度进行表示。粉碎度是指麦芽或辅助原料的粉碎程度。通常是以谷皮、粗粒、细粒、粗粉和细粉的各部分所占料粉质量的百分数表示。一般要求粗粒与细粒（包括细粉）的比例为 1∶2.5 以上。

麦芽的粉碎度应根据麦芽的性质、糖化的方法以及麦芽汁过滤设备的具体情况来进行调节。

（一）麦芽性质

与粉碎相关的麦芽性质主要是指麦芽溶解度、麦芽含水量以及麦粒的大小。

1. 麦芽溶解度

① 对于溶解良好的麦芽，胚乳疏松，又富含水解酶，易于粉碎，粉碎后细粉和粉末较多，也易于糖化，粉碎度对麦芽浸出率的影响不大，因此可以粉碎得粗一些。

② 对溶解不良的麦芽，玻璃质粒多，胚乳坚硬，含酶量少，粉碎困难，糖化也困难，粉碎度对麦芽浸出率影响较大。因此，应粉碎得细一些。

2. 麦芽含水量

干法粉碎要控制麦芽含水量。仓贮麦芽要求麦粒含水量在 5%～8%。水分越高，麦芽越具有弹性，粉碎越困难，粉碎物越粗糙，麦芽浸出率越低。如果水分超过 10%，则易压成薄片。若水分过低，低于 4%，麦皮极易粉碎成小碎片，造成过滤困难，也不利于洗糟，同样会导致糖化麦芽汁收得率降低，并且影响啤酒的色泽及口味。

3. 麦粒大小

在制造麦芽之前应按麦粒大小进行分级，以得到溶解均匀的麦芽，粉碎后亦可得到粉碎均匀的麦芽粉。也利于粉碎操作。否则无法根据颗粒的大小调节辊间距，而影响麦芽的粉碎度。

（二）糖化方法

不同的糖化方法对粉碎度的要求也不同。一般浸出糖化法或快速糖化时，粉碎应细一些；反之，采用长时间糖化，温度变化缓慢，酶的作用比较充分，对粉碎度的要求就低。采用煮出糖化法，以及采用外加酶糖化法，粉碎可略粗一些。对辅料的粉碎应细一些为宜，略粗也无妨。

（三）麦芽汁过滤设备

麦芽粉碎度与过滤设备的关系极为密切。利用过滤槽过滤，是以麦槽作滤层，以麦皮作为过滤介质。要求麦皮尽可能完整，因此麦芽要进行粗粉碎。如果利用麦芽汁压滤机，是以聚丙烯滤布作过滤介质，粉碎时无需对麦皮进行特殊保护，因此粉碎要细一些，又可提高糖化麦芽汁收得率。但也不可过细，以免导致啤酒质量的下降和麦芽汁过滤的困难。快速过滤槽，粉碎度应介于前二者之间。过滤槽和压滤机对麦芽粉碎的技术要求见表3-2。

表 3-2　过滤槽和压滤机对麦芽粉碎的技术要求

过滤设备对粉碎技术的要求	过滤槽		压滤机（干麦芽）
	干麦芽	回潮麦芽	
最低的麦芽粉体积质量/(kg/m³)	380	310	430
最高的麦芽粉质量体积/(m³/100kg)	0.26	0.32	0.23
质量比[（粉＋粒）：谷皮]	75：25	80：20	85：15
体积比[（粉＋粒）：谷皮]	60：40	40：60	70：30
粉碎度/%			
谷皮	18～26	24～34	7～11
粗粒	8～12	5～8	3～6
细粒Ⅰ	30～40	26～36	28～38
细粒Ⅱ	14～20	16～22	20～30
细粉	4～6	3～7	8～11
粉末	9～11	14～16	17～22
辊间距/mm			
第一对辊（预磨辊）	1.2～1.4	1.1～1.3	0.9～1.2
第二对辊（谷皮辊）	0.6～0.8	0.5～0.7	0.5～0.6
第三对辊（粗粒辊）	0.3～0.5	0.2～0.35	0.2～0.3

麦芽及辅料的粉碎度应在一定范围内，可通过检查糖化收得率、过滤时间、麦芽汁浊度和碘反应情况来调节粉碎度。

操作时，可用厚薄规和调节手柄调整辊间距，并在各粉碎过程和总料粉的取样器中平行取样，感官检查麦皮的粗粒和细粉的比例，判断粉碎度的好与坏。湿粉碎可通过漂浮在过滤麦芽汁中的颗粒数量的多少来判断粉碎度的大小。

第二节　糖化理论

一、糖化的目的与要求

所谓糖化是指利用麦芽本身所含有的酶（或外加酶制剂）将麦芽和辅助原料中的不溶性高分子物质（淀粉、蛋白质、半纤维素等）分解成可溶性的低分子物质（如糖类、糊精、氨基酸、肽类等）的过程。由此制得的溶液称为麦芽汁。麦芽汁中溶解于水的干物质称为浸出物，麦芽汁中的浸出物对原料中所有干物质的比称为"无水浸出率"。

糖化的目的就是要将原料（包括麦芽和辅助原料）中可溶性物质尽可能多地萃取出来，并且创造有利于各种酶的作用条件，使很多不溶性物质在酶的作用下变成可溶性物质而溶解出来，制成符合要求的麦芽汁，得到较高的麦芽汁收得率。

二、糖化时主要酶的作用

糖化过程酶的来源主要来自麦芽，有时为了补充酶活力的不足，也外加酶制剂。这些酶以水解酶为主，有淀粉酶（包括 α-淀粉酶、β-淀粉酶、界限糊精酶、R-酶、麦芽糖酶、蔗糖酶）、蛋白酶（包括内肽酶、羧基肽酶、氨基肽酶、二肽酶）、β-葡聚糖酶（内 β-1,4-葡聚糖酶、内 β-1,3-葡聚糖酶、β-葡聚糖溶解酶）和磷酸酶等。

（一）淀粉酶

1. α-淀粉酶

是对热较稳定、作用较迅速的液化型淀粉酶。可将淀粉分子链内的 α-1,4-葡萄糖苷键任意水解，但不能水解 α-1,6-葡萄糖苷键。其作用产物为含有 6～7 个单位的寡糖。作用直链淀粉时，生成麦芽糖、葡萄糖和小分子糊精；作用支链淀粉时，生成界限糊精、麦芽糖、葡萄糖和异麦芽糖。淀粉水解后，糊化醪的黏度迅速下降，碘反应迅速消失。

2. β-淀粉酶

是一种耐热性较差、作用较缓慢的糖化型淀粉酶。可从淀粉分子的非还原性末端的第二个 α-1,4-葡萄糖苷键开始水解，但不能水解 α-1,6-葡萄糖苷键，而能越过此键继续水解，生成较多的麦芽糖和少量的糊精。

3. R-酶

R-酶又叫异淀粉酶，它能切开支链淀粉分支点上的 α-1,6-葡萄糖苷键，将侧链切下成为短链糊精、少量麦芽糖和麦芽三糖。此酶虽然没有成糖作用，却可协助 α-淀粉酶和 β-淀粉酶作用，促进生成糖，提高发酵度。

4. 界限糊精酶

界限糊精酶能分解界限糊精中的 α-1,6-葡萄糖苷键，产生小分子的葡萄糖、麦芽糖、麦芽三糖和直链寡糖等。由于 α-淀粉酶和 β-淀粉酶不能分解界限糊精中的 α-1,6-葡萄糖苷键，所以界限糊精酶可以补充 α-淀粉酶和 β-淀粉酶分解的不足。

5. 蔗糖酶

蔗糖酶主要分解来自麦芽的蔗糖，产生葡萄糖和果糖。虽然其作用的最适温度低于淀粉分解酶，但在 62～67℃ 条件下仍具有活性。

（二）蛋白分解酶

蛋白分解酶是分解蛋白质和肽类的有效物质，其分解产物为胨、胨、多肽、低肽和氨基酸。按分子量大小可分为高分子氮、中分子氮和低分子氮，所占比例的大小取决于分解温度的高低，并对啤酒的质量产生重要的影响。蛋白分解酶主要包括内肽酶、羧肽酶、氨肽酶和二肽酶。

（三）β-葡聚糖酶

麦芽中 β-葡聚糖酶的种类较多，但在糖化时最主要的是内切型 β-葡聚糖酶和外切型 β-葡聚糖酶。它是水解含有 β-1,4-葡萄糖苷键和 β-1,3-葡萄糖苷键的 β-葡聚糖的一类酶的总称。可将黏度很高的 β-葡聚糖降解，从而降低醪液的黏度，提高麦芽汁和啤酒的过滤性能以及啤酒的风味稳定性。

三、糖化时主要物质变化

（一）淀粉的分解

麦芽的淀粉含量占其干物质的 58%～60%，辅料大米的淀粉含量为干物质的 80%～85%，玉米的淀粉含量为干物质的 69%～72%。

1. 麦芽及辅料淀粉的性质

麦芽淀粉和大麦淀粉的性质基本一致，只是麦芽淀粉颗粒在发芽过程中，因受酶的作用，其外围蛋白质层和细胞壁的半纤维素物质已逐步分解，部分淀粉也受到分解，麦芽中淀粉含量比大麦中淀粉含量减少 4%～6%，淀粉结构变化主要是支链淀粉含量有所减少，直链淀粉含量稍有增加，它比大麦淀粉更容易接受酶的作用而分解。

麦芽淀粉中直链淀粉占 20%～40%，支链淀粉占 60%～80%；糯米含支链

淀粉 $90\%\sim100\%$，籼米含支链淀粉只有 $60\%\sim70\%$，玉米含支链淀粉高达 $85\%\sim90\%$。

2. 淀粉的分解过程

淀粉的分解分为三个不可逆过程，但它们彼此连续进行，即糊化、液化、糖化。

糊化：淀粉颗粒在一定温度下吸水膨胀，淀粉颗粒破裂，淀粉分子溶出，呈胶体状态分布于水中而形成糊状物的过程称为糊化。形成糊状物的临界温度称为糊化温度。

液化：淀粉糊化为胶黏的糊状物，在 α-淀粉酶的作用下，将淀粉长链分解为短链的低分子的 α-糊精，并使黏度迅速降低的过程称为液化。

糖化：谷类淀粉经糊化、液化后，被淀粉酶进一步水解成糖类和糊精的过程称为糖化。

糊化、液化与糖化是相互关联的，糊化促进液化的迅速进行，液化又促进淀粉的充分糊化。液化质量的好坏，决定了糖化能否完全、麦芽汁质量的好坏以及过滤和洗糟速度的快慢。因此，辅料的糊化是糖化工艺的重要环节。

3. 辅料的糊化与液化

大米或玉米作为麦芽的辅助原料，主要是提供淀粉，为了促进糊化、液化，防止糊化醪稠厚和黏结锅底，必须在辅料中加入 $15\%\sim20\%$ 麦芽或 α-淀粉酶（$6\sim8U/g$ 原料），使其在 $55℃$ 起就开始糊化、液化，还可缩短时间。

辅料的糊化、液化常在 $100℃$ 下进行，保温 $30min$。有的采用低压 $100kPa$，$105\sim110℃$ 保温 $30min$。使淀粉充分糊化，提高浸出率，同时可提供混合糖化醪升温所需要的热量，达到阶段升温糖化的目的。

糊化醪的检验，只凭经验感官检查。良好的糊化醪不稠厚、稍黏，不发白，上层呈水样清液。

辅料糊化时应控制好料水比及 α-淀粉酶的用量，并注意避免出现淀粉的老化现象，或称回生。所谓老化现象是指糊化后的淀粉糊，当温度降至 $50℃$ 以下，产生凝胶脱水，使其结构又趋紧密的现象。

4. 淀粉的糖化

在啤酒酿造中，淀粉的糖化是指辅料的糊化醪和麦芽中的淀粉受到麦芽中淀粉酶的作用，产生以麦芽糖为主的可发酵性糖和以低聚糊精为主的非发酵性糖的过程。在糖化过程中，随着可发酵性糖的不断产生，醪液黏度迅速下降，碘液反应由蓝色逐步消失至无色。

可发酵性糖是指麦芽汁中能被下面啤酒酵母发酵的糖类，如果糖、葡萄糖、蔗糖、麦芽糖、麦芽三糖和棉子糖等。

非发酵性糖（也称非糖）是指麦芽汁中不能被下面啤酒酵母发酵的糖类，如低聚糊精、异麦芽糖、戊糖等。

非发酵性糖，虽然不能被酵母发酵，但它们对啤酒的适口性、黏稠性、泡沫的持久性，以及营养等方面均起着良好的作用。如果啤酒中缺少低级糊精，则口味淡薄，泡沫也不能持久；但含量过多，会造成啤酒发酵度偏低，黏稠不爽口和有甜味的缺点。一般浓色啤酒糖与非糖之比控制在 1 ∶（0.5～0.7）之间，浅色啤酒控制在 1 ∶（0.23～0.35），干啤酒及其他高发酵度的啤酒可发酵性糖的比例会更高。

（二）蛋白质的水解

糖化时蛋白质的水解具有重要意义，其分解产物既影响啤酒泡沫的多少，泡沫的持久性，啤酒的风味和色泽，又影响酵母的营养和啤酒的稳定性。糖化时蛋白质的分解称为蛋白质休止，分解的温度称为休止温度，分解的时间称为休止时间。

在糖化过程中，麦芽蛋白质继续分解，但分解的数量远不及制麦时分解得多。因此，蛋白质溶解不良的麦芽，经过蛋白质休止后分解仍是不足的，但这并不意味没有分解蛋白质的必要，而需进一步加强对蛋白质的分解。相反对溶解良好的麦芽，蛋白质的分解作用，可以减弱一些。

1. 隆丁区分法

将麦芽汁所含的可溶性含氮物质，用单宁和磷钼酸铵分别沉淀，可区分为A、B、C 三个组分。A 组分为高分子蛋白质，高分子蛋白质含量过高，煮沸时凝固不彻底，极易引起啤酒早期沉淀；B 组分为中分子蛋白质，含量过低，啤酒泡沫性能不良，含量过高也会引起啤酒浑浊沉淀；C 组分为低分子蛋白质，含量过高，啤酒口味淡薄，酵母易衰老，但过低则酵母的营养不足，影响酵母的繁殖。区分标准为：A 组分 25% 左右，B 组分 15% 左右，C 组分 60% 左右。

2. 库尔巴哈指数

库尔巴哈指数又称蛋白质溶解度。是麦芽汁中总可溶性氮与总含氮量之比的百分数。此值多波动在 85%～120% 之间。

3. 甲醛氮与可溶性氮之比

测定麦芽汁中的甲醛氮和可溶性氮，求出甲醛氮与可溶性氮之比的百分数。

此值保持在 35%～40% 为蛋白质分解适中；过高为分解过度；过低为分解不足。

4. α-氨基氮的含量

麦芽汁中 α-氨基氮的含量，不仅关系到酵母的营养，也关系到酵母代谢产物的变化。α-氨基氮含量过低，酵母会利用糖自己合成酮酸，再进行转氨作用，从其他胺类得到—NH_2，而生成需要的氨基酸，大量的酮酸必然会形成大量的高级醇、酯和双乙酰，啤酒中双乙酰的含量就会增高；α-氨基氮含量过高，会通过脱氨脱羧形成高级醇，啤酒起泡性差，口味淡薄。

12°P麦芽汁，α-氨基氮含量应保持在（180 ± 20）mg/L，11°P麦芽汁以160mg/L为宜，10°P麦芽汁以150mg/L为宜。过高为分解过度，过低则为分解不足。

（三）β-葡聚糖的分解

麦芽中的β-葡聚糖是胚乳细胞壁和胚乳细胞之间的支撑和骨架物质。大分子β-葡聚糖呈不溶性，小分子呈可溶性。在35～50℃时，麦芽中的大分子葡聚糖溶出，提高醪液的黏度。尤其是溶解不良的麦芽，β-葡聚糖的残存高，麦芽醪过滤困难，麦芽汁黏度大。因此，糖化时要创造条件，通过麦芽中内β-1,4-葡聚糖酶和内β-1,3-葡聚糖酶的作用，促进β-葡聚糖的分解，使β-葡聚糖降解为糊精和低分子葡聚糖。糖化过程控制醪液pH在5.6以下，温度在37～45℃休止，有利于促进β-葡聚糖的分解，降低麦芽汁黏度（1.6～1.9mPa·s）。

（四）滴定酸度及pH值的变化

麦芽所含的磷酸盐酶在糖化时继续分解有机磷酸盐，游离出磷酸及酸性磷酸盐。麦芽中可溶性酸及其盐类溶出，构成糖化醪的原始酸度，改善醪液缓冲性，有益于各种酶的作用。

（五）多酚的变化

酚类物质存在于麦皮、胚乳的糊粉层和贮存蛋白质层中，占大麦干物质的0.3%～0.4%。溶解良好的麦芽，游离的多酚多，在糖化时溶出的多酚也多，在高温条件下，与高分子蛋白质络合，形成单宁-蛋白质的复合物，影响啤酒的非生物稳定性；多酚物质的酶促氧化聚合，贯穿于整个糖化阶段，在糖化休止阶段（50～65℃）表现得最突出，又会产生涩味、刺激味，导致啤酒口味失去原有的协调性，使之变得单调、粗涩淡薄，影响啤酒的风味稳定性。氧化的单宁与蛋白质形成复合物，在冷却时呈不溶性，形成啤酒浑浊和沉淀。因此，采用适当的糖化操作和麦芽汁煮沸，使蛋白质和多酚物质沉淀下来。适当降低pH值，有利多酚物质与蛋白质作用而沉淀析出，降低麦芽汁色泽。

在麦芽汁过滤中，要尽可能地缩短过滤时间，过滤后的麦芽汁应尽快升温至沸点，使多酚氧化酶失活，防止多酚氧化使麦芽汁颜色加深、啤酒口感粗糙。

（六）无机盐的变化

麦芽中含有无机盐2%～3%，其中主要为磷酸盐，其次有Ca、Mg、K、S、

Si 等盐类，这些盐大部分会溶解在麦芽汁中，它们对糖化发酵有很大的影响，例如：钙可以保护酶不受温度的破坏，磷提供酵母发育必需的营养盐类等。

（七）黑色素的形成

黑色素是由单糖和氨基酸在加热煮沸时形成的，它是一种黑色或褐色的胶体物质，它不仅具有愉快的芳香味，而且能增加啤酒的泡持性，调节 pH 值，所以它是麦芽汁中有价值的物质，但其量必须适当，过量的黑色素不仅使有价值的糖和氨基酸受到损失，还会加深啤酒的色素。

（八）脂类分解

大麦中的脂类物质主要贮藏于麦胚中，在发芽过程中被脂肪酶分解形成大量脂肪酸和高分子游离脂肪酸，其中一部分被利用，低温下料有利于脂类物质的分解，但在麦芽汁煮沸后，大量的类脂被分离后的凝固物吸附，所以定型麦芽汁中总脂肪酸的含量仅为煮沸前麦芽汁的 1%～2%。

四、糖化过程的影响因素

（一）麦芽质量及粉碎度

溶解良好、粉状粒多的麦芽，酶的含量高，麦粒细胞的溶解也较完全，形成的可溶性氮（库值＞40%）及 α-氨基氮也比较多（α-氨基氮＞180mg/100g 绝干麦芽），内含物易受酶的作用，故使用这种麦芽时，糖化时间短，生成可发酵性糖多，可采用较低的糖化温度（一段法），制成的麦芽汁泡沫多和清亮透明。但在蛋白质休止时，应适当限制，避免麦芽中的中分子肽类被过多分解成 α-氨基氮，导致啤酒泡持性降低。

溶解度差、玻璃质粒多的麦芽，糖化力低，酶的活性也低，麦芽粉碎后的粗粒多，内容物不容易受到酶的作用，糖化时间长，过滤困难，制得的麦芽汁透明度及色泽都差，最好采用二段法糖化。并加强蛋白质的休止，采用预浸渍（酸休止）并延长蛋白质休止时间，以尽量提高麦芽汁的收得率和啤酒的非生物稳定性。但如粉碎太细，细粉太多则麦水混合时又易结块，同样会增加糖化困难，因此，粉碎必须适度。

（二）温度的影响

温度是糖化过程的重要影响因素，对糖化过程的影响很大，随着温度的逐步升高，酶的活力也随之增强，至某一温度可达活力最高，但当温度再增高时，酶的活力又逐渐下降，最后酶活力全部破坏。

① 在蛋白质休止时，主要依靠麦芽的内肽酶和羧肽酶催化水解，其次是氨

肽酶和二肽酶，它们作用的最适温度是 40～65℃。当蛋白质休止温度较高（50～65℃）时，有利于积累总可溶性氮，但在低温时容易形成细小凝固，悬浮于麦芽汁中影响发酵与酒液的澄清。而休止温度偏低（45～50℃）时，有利于形成较多的 α-氨基氮，休止时间越长，高分子蛋白质的残留量越少，α-氨基酸的积累越多，啤酒的稳定性越好。但由于中分子肽类物质也随之减少，不利于啤酒的泡沫。因此在麦芽 α-氨基氮较高时，采用 52℃ 蛋白质休止，对可溶性氮的形成及啤酒的泡沫和口味都是有利的。

在麦芽质量较高的前提下，通常采用较高的休止温度（52℃，10～15min，再升至 63℃ 30min）和较短的休止时间，目的是限制蛋白质过度分解，提高啤酒泡持性。如果麦芽溶解较差，α-氨基氮过低，只能采用较低休止温度（45～50℃）和较长休止时间（1h），以增加 α-氨基氮，并减少高分子氮的比例。如果采用酸休止（35～37℃），不仅麦芽中内肽酶和羧肽酶的耐热性可以提高，而且也有利于蛋白质的分解。对蛋白质分解条件而言，pH 值比温度更具有重要性。通常调节麦芽醪 pH 值至 5.2～5.4 来得到合适的麦芽汁组分。

② 在淀粉水解时，主要依靠 α-淀粉酶和 β-淀粉酶。它们不仅分解淀粉所得的产物不同（前者主要是低聚糊精，后者主要是麦芽糖），而且耐热性也是不同的，α-淀粉酶的最适温度是 60～65℃，β-淀粉酶的理论最适温度是 45～52℃，所以当糖化温度高，升温迅速时，α-淀粉酶起主要作用，产生较多的糊精和少量的麦芽糖；相反当糖化温度低，升温速度缓慢时，则有利于 β-淀粉酶的作用，产生较多的麦芽糖和少量的糊精，这样前者产生可发酵性糖较少，后者较多，酒精的产生就多。

淀粉酶的理论最适温度和实际温度是不一致的，由于糖化醪中有糊精、糖类、蛋白质分解物的存在，而增加了淀粉酶的耐热性，使糖化适应温度升高。所以，实际上 α-淀粉酶的适应温度为 65～70℃，而 β-淀粉酶是 60～65℃，这就是目前啤酒企业生产中常采用的温度，当然具体掌握时要考虑到产品的种类、麦芽的性质、糖化酶的浓度、糖化时间与方法等因素，但一般均控制在 60～70℃ 之间。

（三）pH 值的影响

pH 值的影响，其实质是对酶的作用产生了明显的影响。糖化操作主要是通过调节温度、时间及 pH 值来达到糖化的目的。但由于酶的种类很多，要满足所有酶的最适 pH 值是不可能的。蛋白分解酶的最适 pH 值在 5.0～5.4，当 pH 值高于 5.4 时，酶活性受到抑制，可溶性氮下降。pH 值越低，产生的低分子氮就越多。考虑到啤酒的泡沫、口味和其他酶系的 pH 值，得出蛋白分解酶的最佳 pH 值为 5.2～5.4。而淀粉分解酶的 pH 值范围集中在 5.1～5.8 之间，实际生产中还受到温度的影响，通常在 63～70℃ 的糖化温度范围内，α-淀粉酶和 β-淀粉酶的最适 pH 值范围较宽，在 5.2～5.8 范围内（表 3-3）。pH 值在 5.2～5.6 之间比较理想，而且在此范围内越低越好，最好 pH 值在 5.2～5.4。当 pH 值较高时，α-淀粉酶受到抑制，β-淀粉酶将钝化而活性降低，使发酵度降低。

表 3-3　淀粉酶最适 pH 值和温度的关系

温度/℃	20	40	50	55	60	65	70
α-淀粉酶	—	4.6～4.8	4.7～4.9	4.9～5.1	5.1～5.4	5.4～5.8	5.8～6.0
β-淀粉酶	4.4～4.6	4.5～4.7	4.4～4.8	4.8～5.0	5.0～5.2	5.2～5.4	5.0～5.5

目前多采用加酸调节适合酶作用的 pH 值，以增加各种酶的活性，加速淀粉和蛋白质的水解。通常选用磷酸或乳酸调节 pH 值。磷酸是中强酸，略有涩味，酸味小，调节效果明显。形成的磷酸盐可作为酵母繁殖所需磷源，有利于酵母发酵。乳酸为有机酸，酸性弱，酸味强，调节幅度小，安全可靠，对啤酒口味有利。但添加量大，成本较高。采取添加一定量磷酸，辅以一定量乳酸效果最佳。也可通过添加"酸麦芽"，或通过生物酸化以及对酿造用水进行脱 CO_2 处理来调节醪液的 pH 值。

（四）糖化醪浓度的影响

糖化醪浓度增加则黏度变大，影响酶对基质的渗透作用，使淀粉的水解速度变慢，所以糖化醪的浓度以 14%～18% 为宜，超过 20% 则糖化速度显著受到影响。

五、糖化方法

糖化方法是指将麦芽和非发芽谷物原料的不溶性固形物转化成可溶性的，并有一定组成比例的浸出物，所采用的工艺方法和工艺条件如下。

1. 全麦芽啤酒的糖化方法

（1）浸出糖化法　是纯粹利用麦芽中酶的生化作用，浸出麦芽中可溶性物质。它是最简单的糖化方法，是把醪液从一定温度开始加热至几个温度休止阶段进行休止，最后达到糖化终止温度。只适合使用麦芽，酿制上面发酵啤酒和低浓度发酵啤酒。

此方法需根据麦芽质量确定投料温度，一般有两种工艺方法，即低温投料和高温投料。图 3-7 所示是一个低温投料的典型工艺，糖化醪从 37℃ 升温至 62℃，以 1℃/min 的速度进行升温，蛋白质和 $β$-葡聚糖也同时得到较好分解，此法糖化过程所需时间较长，适合溶解较差的麦芽，而对溶解良好的麦芽可直接在 50℃ 投料，然后升温至几个必需的休止温度段保温糖化，最后达到糖化终止温度，如图 3-8 所示。

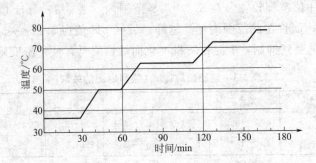

图 3-7　37℃投料的浸出法工艺

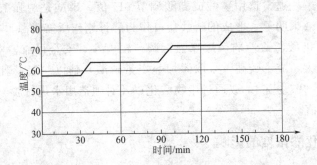

图 3-8　50℃投料的浸出法工艺

浸出法要求麦芽质量必须优良。如果使用的麦芽质量太差，虽延长糖化时间，也难达到理想的糖化效果。浸出糖化法可分为恒温、升温和降温三种方法。

恒温浸出糖化法：把粉碎后的麦芽，投入 65℃的水中，保持 1.5～2.0h，然后把糖化完全的醪液加热到 75～78℃，或添加 95℃左右的热水，使醪液温度升到 75～78℃，终止糖化，送入过滤槽过滤。

升温浸出糖化法：先利用低温（35～38℃）水浸渍麦芽，时间为 0.5～1.0h，促进麦芽软化和酶的活化，然后升温到 50℃左右进行蛋白质分解，一般保持 30min，再缓慢升温到 62～63℃，糖化 30min 左右，使 β-淀粉酶、内肽酶等充分发挥作用，然后再升温至 68～70℃，使 α-淀粉酶发挥作用，直到糖化完全（遇碘不呈蓝色反应），继而再升温至 75～78℃，终止糖化。

降温浸出糖化法：只在溶解过头的麦芽或生产发酵度特别低的啤酒时使用。首先将麦芽粉与水混合，温度控制在 70℃，保持 1h，而后向糖化完全的醪液中加冷水或利用冷却器冷却到 50～55℃保持 30min 进行蛋白质分解，最后送入过滤槽过滤。

此法的主要优点是：操作简单，便于控制，易实现自动化，与煮出法相比能耗降低 20%～50%；缺点是碘反应稍差，糖化收得率偏低。另外，由于浸出糖化法没有煮沸过程，所以口味没有什么特点，色度较浅，可通过加入特种麦芽加以改善。

（2）煮出糖化法 煮出糖化法是兼用酶的生化作用和热力的物理作用进行的糖化方法。根据工艺要求要从总醪中分出部分醪液进行煮沸，根据部分麦芽醪液煮沸的次数，分为一次、二次和三次煮出糖化法。分醪煮沸的次数主要由麦芽的质量和所制啤酒的类型决定。

2. 加辅料啤酒的糖化方法

加辅料啤酒的糖化方法是国内采用最多的方法，又叫复式糖化法。所谓复式即指含有辅料（大米、玉米等未发芽的谷物）及其煮沸的过程。

根据糊化锅和糖化锅兑醪的次数又分为复式浸出糖化法、复式一次煮出糖化法和复式二次煮出糖化法。

加辅料啤酒糖化法的特点如下。

① 采用本方法，添加部分未发芽谷物作为麦芽的辅助原料，其添加量为30%左右，最高可达50%。所采用麦芽的酶活性相应更高一些。

② 麦芽在糖化锅进行蛋白质分解，辅助原料在糊化锅进行糊化和液化，然后兑醪，达到所需要的糖化温度。

③ 第一次兑醪后的糖化程序与一般煮出糖化法相同。

④ 各类辅助原料在进行糊化时，一般要添加少量麦芽（或 α-淀粉酶），使淀粉边糊化边液化，有利于兑醪后的糖化作用。

⑤ 麦芽的蛋白质分解时间应较一般煮出糖化法长一些，避免低分子含氮物质含量不足。

⑥ 因辅助原料粉碎得较细，麦芽粉碎物应适当粗一些，尽量保持麦皮完整，防止麦芽汁过滤困难。

⑦ 本法制备的麦芽汁色泽浅，发酵度高，更适合于制造淡色贮藏啤酒。

（1）复式浸出糖化法 近年来国内外 Lager 型浅色啤酒，均追求色泽极浅（5.0～6.0EBC），发酵度高（12°P啤酒真正发酵度达66%左右），残余可发酵性糖少，泡沫好（泡持时间在5min以上）。均喜欢采用复式浸出糖化法酿制浅色啤酒。

酿制特点：辅料需单独处理，进行液化和糊化。利用麦芽中淀粉酶作液化剂，液化温度为70～75℃，糊化料水比为1:5以上；如采用耐高温 α-淀粉酶作液化剂协助糊化、液化，液化温度可达90℃左右，辅料比例大（占30%～40%），糊化料水比为1:4以上。并醪后不再进行煮沸，而是在糖化锅中升温达到糖化各阶段所需要的温度。生产工艺过程简单，糖化时间短（一般在3h以内），耗能少。

示例图解见图3-9。

糖化曲线见图3-10。

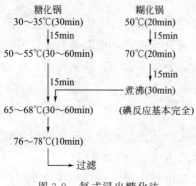

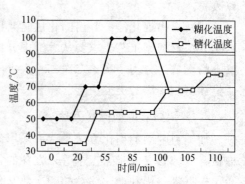

图 3-9　复式浸出糖化法　　　　　　　图 3-10　复式浸出糖化法曲线

（2）复式一次煮出糖化法　辅料的糊化、液化和麦芽的糖化分别在两个锅中进行，将糊化、液化结束后的糊化醪与蛋白质休止结束的麦芽醪兑醪至糖化最适温度，在糖化结束前取部分醪液进行煮沸，之后泵回到糖化锅，兑温到 76～78℃ 终止糖化。此法在国内的应用亦比较广泛，适于酿制浅色啤酒，也可酿制浓色啤酒。

示例图解见图 3-11。

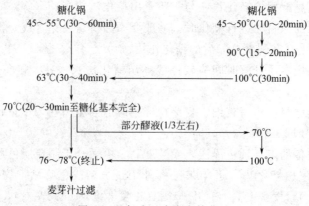

图 3-11　复式一次煮出糖化法

糖化操作如下。

① 生产前必须事先了解原料的规格，采用的糖化方法，做好上下工序的联系工作，检查设备运转是否正常，是否有渗漏现象。

② 在糊化锅内先放入 45～50℃ 水，料水比为 1∶5 左右，再加适量石膏粉，快速搅拌。然后，放入 15%～20% 的麦芽粉，再投入大米粉，以 1℃/min 的速度升温至 70℃，保温 10min，再在 10～15min 内由 70℃ 加热到 100℃，并煮沸30min 或 40min。现多用耐高温 α-淀粉酶（酶活力 2 万单位/g）取代麦芽粉（4U/g 大米），因而，糊化醪应首先升温至 90℃ 左右，保温 15～20min，再升温至 100℃ 煮沸 30min。

③ 糖化锅中按料水比 1∶3.5 左右放水，水温应达到麦芽浸渍温度（35～40℃）或蛋白质分解温度（45～55℃），快速搅拌，加适量酸和石膏，利用麦水混合器，将麦芽粉和水进行混合后进入糖化锅，以防麦粉飞扬和结块现象。麦芽质量决定蛋白质的分解时间（30～60min）。蛋白质休止及糖化期间均不开搅拌器。蛋白质分解结束之后，快速搅拌，将煮沸的糊化醪泵入糖化锅进行糖化，一般采用 65℃ 或 68℃，也有采用 63℃ 或 70℃ 的。醪液 pH 值为 5.4～5.6。当碘液反应呈浅紫色，表示糖化已近完全，可放出 1/3 左右的醪液进入糊化锅，进行第二次煮沸。开搅拌器快速搅拌，将第二次煮沸的醪液兑入糖化锅至 76～78℃，再泵入过滤设备进行过滤。此时 pH 值为 5.2～5.4，麦糟沉淀快，上层麦芽汁澄清。

糊化锅-糖化锅结构见图 3-12，新式糖化锅见图 3-13。

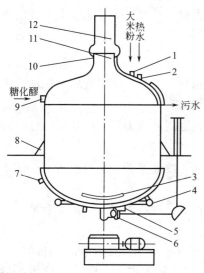

图 3-12　糊化锅-糖化锅结构
1—大米粉进口；2—热水进口；3—搅拌器；
4—加热蒸汽进口；5—蒸汽冷凝水出口；
6—糊化醪出口；7—不凝性气体出口；8—耳架；
9—麦芽粉液或糊化醪入口；10—环形槽；
11—污水排出管；12—风门

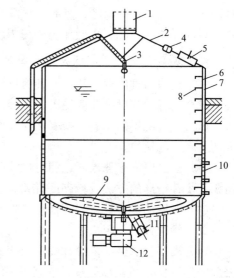

图 3-13　新式糖化锅
1—排气筒；2—排气锅顶盖；3—CIP 清洗；
4—内部照明灯；5—视孔；6—锅壁夹套；
7—保温层；8—攀登栏；9—搅拌器；10—加热管；
11—醪液进口和出口；12—驱动电动机

第三节　麦芽汁过滤

一、过滤的目的

糖化结束后，应尽快地把麦芽汁和麦糟分开，以得到清亮和较高收得率的麦芽汁，避免影响半成品麦芽汁的色香味。因为麦糟中含有的多酚物质，浸渍时间长，会给麦芽汁带来不良的苦涩味和麦皮味，麦皮中的色素浸渍时间长，会增加麦芽汁的色泽，微小的蛋白质颗粒，可破坏泡沫的持久性。

麦芽汁过滤分为两个阶段：首先对糖化醪过滤得到头号麦芽汁；其次对麦糟进行洗涤，用78～80℃的热水分2～3次将吸附在麦糟中的可溶性浸出物洗出，得到二滤和三滤洗涤麦芽汁。

二、麦芽汁过滤方法

（一）过滤槽法

过滤槽既是最古老的又是应用最普遍的一种麦芽汁过滤设备。是一圆柱形容器，槽底装有开孔的筛板，过滤筛板既可支撑麦糟，又可构成过滤介质，醪液的液柱高度1.5～2.0m，以此作为静压力实现过滤。

1. 过滤槽法的过滤原理及影响因素

利用过滤槽过滤麦芽汁，与其他过滤过程相同，筛分、滤层效应和深层过滤效应综合进行，其过滤速度受以下各种因素的影响。

（1）穿过滤层的压差　指麦芽汁表面与滤板之间的压力差。压差大，过滤的推动力大，滤速快。

（2）滤层厚度　滤层厚，相对过滤阻力增大，滤速降低。它与投料量、过滤面积、麦芽粉碎的方法及粉碎度有关。

（3）滤层的渗透性　麦芽汁渗透性与原料组成、粉碎方式、粉碎度及糖化方法有关。渗透性小，阻力大，会影响过滤速度。

（4）麦芽汁黏度　麦芽汁黏度与麦芽溶解情况、醪液浓度及糖化温度有关。麦芽溶解不良，胚乳细胞壁的β-葡聚糖、戊聚糖分解不完全，醪液黏度大。温度低、浓度高，黏度亦大。如过大会造成过滤困难。相反，浓度低，温度高，则黏度低。

（5）过滤面积　相同质量的麦芽汁，过滤面积愈大，过滤所需时间愈短，过滤速度愈快。反之，所需时间愈长，过滤速度愈慢。

2. 过滤槽的主要结构

（1）槽体　过滤槽槽身为圆柱体，其上部配有弧球形或锥形顶盖，顶盖上有可开关闸门的排气筒，槽底大多为平底或浅锥形底，平底槽分为三层，最上层为水平筛板，第二层为麦芽汁收集层，最外层是可通入热水保温的夹底。过滤槽中心有一个能升降带2～4臂耕糟机的中心轴，过滤槽的材质多为不锈钢，也有铸铁或铜制作的。

（2）过滤槽有效容积　过滤槽有效容积为总容积的80%左右，麦糟层的厚度根据麦芽粉碎的方法不同而不同。麦芽干法粉碎（含回潮粉碎）槽层厚度为

25~40cm，麦芽湿法粉碎（含连续浸渍粉碎）槽层厚度为40~50cm。

（3）过滤筛板 老式过滤筛板多用黄铜、紫铜或磷青铜制成，整个筛板是由多块面积为0.7~1.0m²筛板拼装而成，筛板上面用铣床铣出长方形筛孔，筛孔上部宽度为0.7mm，下部孔宽为3~4mm，上下孔之间形成梯形，以减少阻力，这对防止筛板堵塞十分有利。筛板开孔率在6%~8%之间。新型筛板为不锈钢板制作，开孔率在10%~15%。

（4）筛板与槽底的间距 筛板与槽底的间距一般控制在8~15mm，筛板由支脚支撑，由于间距小，在麦芽汁通过调节阀排出时形成抽吸力，对过滤有利。

新型过滤槽对上述问题进行了改进，增大了筛底间距，筛板与槽底的间距增加到12~20mm，还在收集层底部安装了喷嘴和排污阀，以便及时清洗排除沉淀物。

（5）麦芽汁收集管 平底过滤槽在麦芽汁收集层每1.25~1.5m²均匀设置一根麦芽汁收集管，使其既不重叠，又无死角。滤管的内径为25~45mm，其自由流通截面积为5~15cm²，为了使收集层保持液位，防止从麦芽汁出口阀及麦芽汁管吸进空气，产生气室，堵塞滤板，在出口阀上装有鹅颈弯管，鹅颈弯管出口必须高于筛板2~5cm，这样可以避免产生吸力而吸入空气。

目前使用的过滤槽，其结构如图3-14所示。直径可达12m以上，筛板面积50~110m²。新型过滤槽比传统过滤槽作了较大改进，根据槽的直径，在槽底下面安装1~4根同心环管，麦芽汁滤管就近与环管连接，使麦芽汁滤管长度基本一致，这样在排出麦芽汁时，管内产生的摩擦阻力就基本相同，确保槽层各部位麦芽汁均匀渗出，环管麦芽汁首先进入平衡罐，平衡罐高于筛板并在罐顶部连接一根平衡管，以保证槽层液位。安装平衡罐与传统滤槽鹅颈弯管作用是相同的，当麦芽汁进入平衡罐后，利用泵将麦芽汁抽出，这样减少了压差，加快了过滤速度。

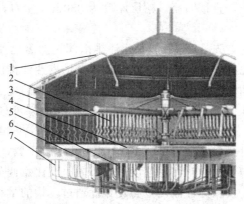

图 3-14 过滤槽
1—洗糟水喷淋装置；2—耕糟装置；3—过滤槽体；4—过滤筛板；
5—糖化醪液进口；6—排糟口；7—麦芽汁收集装置

（6）糖化醪输送系统　传统方式是将糖化醪直接从过滤槽顶盖上部导入，自由落下或由环状分配器分散落下，这种进出方式的缺点是容易造成糖化醪中各物质因相对密度不同而产生分离现象，使蛋白质等黏性物质沉积于筛板上，增加过滤阻力，而且还会增加麦芽汁与空气接触的机会，对麦芽汁质量造成影响。

（7）耕槽装置　它是由变速电机、变速箱、液压升降轴、耕槽臂和耕槽刀所组成。耕槽时转速为 0.4～0.5r/min，排槽时转速为 3～4r/min。耕刀臂设有 2～4 个，它是由投料量决定的，耕刀臂上每隔 20～30cm 装有垂直于薄板的耕槽刀或波形耕刀，耕刀的最低位置距筛板 1～2cm，排槽时，可通过改变耕刀的角度来实现。大型槽装有排槽臂，臂上装有可旋转角度的出槽刀，也可使用排槽铲板，固定安装在排槽臂上，排槽时落下，不用时提起。耕槽机的高度可根据麦芽汁浊度自动调节，浊度高耕刀机上升，浊度降低耕刀机下降，压差升高耕刀下降，压差减小耕刀上升。

（8）洗槽水喷洒装置　小型过滤槽，喷洒装置安装于耕刀机轴顶部，洗槽水承接器连接两根喷水管，水平方向开孔，利用水力反作用力旋转把水均匀地洒于麦糟层。

中大型过滤槽在顶盖内装有内、外两圈喷水管，喷水管上均匀分布喷嘴，洗槽水由喷嘴均匀地喷洒在槽层上进行洗槽。

3. 工艺操作方法及过程

（1）检查过滤板是否铺平压紧，并在进醪前，泵入 78℃热水直至溢过滤板，以此预热设备并排除管、筛底的空气。

（2）将糖化终了的糖化醪泵入过滤槽，送完后开动耕槽机缓慢转动 3～5r，使糖化醪在槽内均匀分布。提升耕刀，静置 10～30min，使糖化醪沉降，形成过滤层。亦可不经静止，直接回流。槽层厚度为 350mm 左右，湿法粉碎麦糟厚可达 400～600mm。

（3）开始过滤，首先打开 12 个麦芽汁排出阀，然后迅速关闭，重复进行数次，将滤板下面的泥状沉淀物排出。然后打开全部麦芽汁排出阀，但要小开，控制流速，以防糟层抽缩压紧，造成过滤困难。开始流出的麦芽汁浑浊不清，应进行回流，通过麦芽汁泵泵回过滤槽，直至麦芽汁澄清方可进入煮沸锅。一般为 5～15min。

（4）进行正常过滤，随着过滤的进行，糟层逐渐压紧，麦芽汁流速逐渐变小，此时应适当耕糟，耕糟时切忌速度过快，同时应注意调节麦芽汁流量，注意控制好麦芽汁流量，使麦芽汁流出量与麦芽汁通过麦糟的量相等。并注意收集滤过"头号麦芽汁"。一般需 45～60min。如麦芽质量较差，一滤时间约需 90min。

（5）待麦糟刚露出时，开动耕糟机耕糟，从下而上疏松麦糟层。并用 76～80℃热水（洗糟水）采用连续式或分 2～3 次洗糟，同时收集"二滤麦芽汁"，如开始浑浊，需回流至澄清。在洗槽时，如果麦糟板结，需进行耕糟。洗槽时间控制在 45～60min。至残糖达到工艺规定值（如 0.7°P 或 1.0～1.5°P 或 3.0°P）过滤结束，开动耕糟机或打开麦糟排出阀排糟，再用槽内 CIP 进行清洗。

4. 影响过滤的因素

过滤槽法过滤速度的影响因素主要有以下几点。

（1）麦芽汁的黏度　麦芽汁黏度越大，过滤速度越慢。它受糊精含量、β-葡聚糖分解的程度等因素的影响。此外，还受头号麦芽汁浓度、温度和 pH 值等的影响。如水温过高，易洗出黏性物质，并导致麦糟中部分淀粉溶解和糊化；水温过低，黏度上升，过滤困难，洗糟不彻底，麦芽汁浑浊。

（2）滤层的厚度　糖化投料量、配比和粉碎度决定了麦糟体积、糟层厚度和糟层性质。糟层厚度越大，过滤速度越慢；糟层厚度过薄，虽然过滤速度快，但会降低麦芽汁透明度。

（3）滤层的阻力　滤层的阻力大，过滤慢。滤层的阻力大小取决于孔道直径的大小、孔道的长度和弯曲性、孔隙率。滤层阻力是由糟层厚度和糟层渗透性决定的。

（4）过滤压力　过滤压力与滤速成正比。过滤槽的压力差是指麦糟层上面的液位压力与筛板下的压力之差。压差增大，虽能加快过滤，但容易压紧麦糟层，板结后流速反而降低。应注意筛板下与槽底不能抽空，过滤槽底与麦芽汁受皿的位差不可太大。

（二）压滤机法

1. 板框式压滤机

板框式压滤机可分传统和新型两种形式。传统压滤机用人工装卸滤布，每次滤布要卸下清洗干净。新型压滤机实现了自动控制，其中包括：压力自控、麦芽汁流速调节、洗糟水温自控、麦芽汁质量的测定。蝶形控制阀替代麦芽汁调节阀，自动机械拉开滤框，喷洗滤布，自动压紧。

（1）设备结构　板框式压滤机是由板框、滤布、滤板、顶板、支架、压紧螺杆或液压系统组成，其中板框、滤板、滤布组成过滤元件。

（2）工作原理　板框式麦芽汁压滤是以泵送醪液产生的压力作为过滤动力，以过滤布作为过滤介质、谷皮为助滤剂的垂直过滤方法。

（3）操作过程

① 传统压滤机工艺操作过程　压入热水：装好滤机后从底部泵入 78～80℃ 热水，预热设备、排除空气并检查滤机是否密封，半小时后排掉。

进醪：醪液在泵送前要充分搅拌，泵送时以 1.5～2m/s 流速泵入压滤机，进入各滤框。利用一蝶阀控制，视镜可看到醪液的流量，并用液体流量计调节机内压力上升，同时排出机中的空气。压力通常为0.03～0.05MPa，泵送时间20～30min。

头号麦芽汁：进醪的同时开启麦芽汁排出阀，使头号麦芽汁排出与醪液泵入同时进行，在滤饼未形成前，头号麦芽汁浑浊，应回流至糖化锅。30min左右，头号麦芽汁全部排出进入煮沸锅，关闭过滤阀，并由流量计定量。

洗糟：头号麦芽汁排尽后，立即泵入75～80℃洗糟热水，洗糟水应与麦芽汁相反的方向穿过滤布，流经板框中的麦糟层，将残留麦芽汁洗出，洗糟压力应小于0.08～0.1MPa，残糖洗至规定要求。洗糟结束，可利用蒸汽或压缩空气将洗糟残水顶出以提高收得率。

排糟：洗糟残水流完后拆开滤机，卸下麦糟，通过绞龙输送出去。

洗涤：滤布用高压水冲洗，再自动压紧，聚丙烯滤布每周只需洗涤一次，以1.5%～2%氢氧化钠加磷酸盐（150g/hL）配成洗涤液；加热70～80℃对整个压滤机回流泵送3～4h，以空气顶出洗液，自动打开压滤机，喷尽沉淀物和碱性溶液，准备下次操作。

② 新型板框压滤机的工艺操作过程（图3-15） 与传统压滤机的过滤过程基本相似，其工艺操作过程如下。

进料：麦醪从压滤机的上部通道泵入，进入各层压滤机板框，并利用一蝶形控制阀，使装料均匀，注意从视镜观察麦醪的流量，并用接触液体压力计阻止机内压力的上升。

头号麦芽汁的流出：麦芽汁在麦醪泵的压迫下穿过滤布而流出，经由沟纹板下方的出口管道直接流入麦芽汁预贮槽或麦芽汁煮沸锅内，麦芽汁流量用诱导流量计测定，麦糟则被滤布隔留在板框内。

头号麦芽汁的移位：当麦醪泵完后，麦醪流经的管道也清洗完毕，洗糟水则由沟纹板压入，将头号麦芽汁移出，此时麦糟在板框内被水浸渍而呈悬浮状。

洗糟：洗糟水的流量和温度均为自动控制，洗糟结束，回收全部浸出物，并利用接触液体压力计阻止在洗糟过程中压滤机的压力不适当地升高。

压力排空：在被煮沸麦芽汁即将满量时，停止洗糟，用压缩空气将洗糟残水顶出（可作为下批糖化用水用），尽可能减少麦糟中的水分含量。

2. 膜式压滤机（又称2001麦芽汁压滤机）

2001麦芽汁压滤机是国外20世纪90年代推出的新型麦芽汁压滤机。

（1）设备结构 2001麦芽汁压滤机是由前后交替的膜滤框槽和聚丙烯格滤板组成，如图3-16所示。滤板两侧装有聚丙烯滤布，一台压滤机共有60个格滤板，格滤板的外形尺寸为2.0m×1.8m，每个膜滤框槽两侧覆盖着弹性塑料膜，通入空气可膨胀，滤机前后有固定顶板和活动顶板，用液压装置夹紧。过滤组件安装在支撑杆上，此外，设备底部装有醪液接入管、麦芽汁流出管，上部装有压缩空气管。

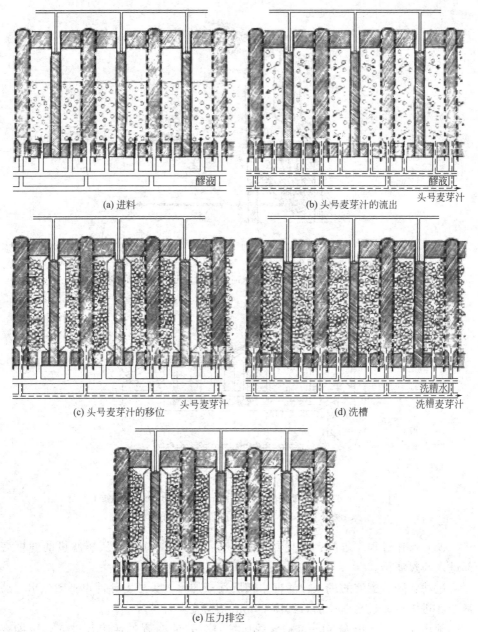

(a) 进料

醪液

(b) 头号麦芽汁的流出

头号麦芽汁

醪液

(c) 头号麦芽汁的移位

头号麦芽汁

(d) 洗槽

洗槽水

洗槽麦芽汁

(e) 压力排空

图 3-15　新型板框压滤机工艺操作过程

　　（2）基本原理　压滤机工作原理如图 3-17 所示。糖化醪从压滤机底部的醪液进管进入滤框内，在每对膜滤框和滤板之间有一个约 4cm 厚的麦糟容纳空间，从滤框两侧弹性膜通入压缩空气，利用膨胀原理来挤压糟层，完成过滤操作。过滤结束后打开压滤机卸糟冲洗，做好下次操作的准备工作。

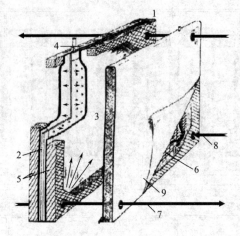

图 3-16　2001 麦芽汁压滤机

1—槽；2—开有槽的板；3—弹性塑料膜；4—压缩空气接口管（边缘）；
5—框室；6—格滤板；7—醪液进入通道；8—麦芽汁流出通道；9—滤布

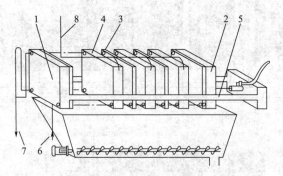

图 3-17　压滤机工作原理

1—固定顶板；2—活动顶板；3—格滤板；4—膜滤框槽；5—支承杆；
6—醪液进管；7—麦芽汁流出管；8—压缩空气进管

（3）操作过程　进醪：糖化醪液以 15～20kPa 的低压，从压滤机的滤框底部进入膜过滤槽。

过滤：随着醪液的进入，滤框中糟层逐渐加厚，头号麦芽汁也不断流出。醪液全部进入后，过滤框充满，约需 20min 头号麦芽汁滤完。

预压缩：膜滤板充 50～60kPa 的压缩空气，使两侧弹性膜片鼓起，压缩麦糟层，挤出残余头号麦芽汁。约 5min 后放出压缩空气，弹性膜即恢复原状，糟层和膜间形成一个空间。

洗糟：将 78℃ 的洗糟水从糖化醪的同一入口输入，均匀分布在整个糟层，与麦芽汁同出口引出洗涤麦芽汁。此过程需 50～55min。

压缩：通 70kPa 的压缩空气给膜滤板，使两侧弹性膜以大于洗涤的压力对麦糟层加压，回收二次麦芽汁，麦糟较干。此过程约需 10min。

排糟：自动打开压滤机，麦糟自动排出。此过程约需 10min。

压滤机的一次总工作时间为 100~110min。每周用碱液原位清洗一次滤布，无需任何拆卸，然后用水彻底清洗压滤机。但在开始新一轮糖化时，压滤机必须预热，而且要用弱酸进行中和处理。

另外，类似于膜式过滤机的新型过滤设备——厢式压滤机（HDGL-1800），已由哈尔滨汉德轻工医药装备有限责任公司独立设计完成，并得到有关企业的认可。该设备的最大特点是：①过滤效率高，过滤时间短（小于 2h），日产能力大（12 批次/日）；②采用低压过滤，滤出的麦芽汁清亮；③采用低温（70~72℃）、短时（50min）的洗糟技术，有效地减少了麦皮中多酚等有害物质的浸出，麦芽汁组成更为合理，麦芽汁浊度低、色度浅；④操作简单，自动化程度高，过滤、CIP 清洗等全过程均为自动控制。

三、麦糟的输送

排糟时，每 100kg 麦芽投料可得 110~130kg 含水 75%~80% 的麦糟。麦糟的蛋白质含量高，达 25% 左右。此外，脂肪 8.2% 左右、无氮浸出物 40%~50%、纤维素约 16%、矿物质 5% 左右。

麦糟的输送，现中小企业多采用单螺杆泵挤压输送，水平距离为 100m，垂直高度为 10m。大型企业多采用活塞式气流输送（脉冲式气流输送）或用 0.7~0.9MPa 蒸汽或压缩空气气顶，均可送至 200m 以远的圆柱形锥底中间罐。

四、过滤设备的操作与维护

① 耕刀减速器的转速应从小到大。

② 耕刀转动时要经常检查减速机油温、油量，箱体温度过高时，应检查油量和油是否变质。油量过少应及时加到视镜的 2/3 处。

③ 耕刀主轴填料不应压得过紧或过松。

④ 耕刀应与筛板保持 20~30mm 的间距。

第四节　麦芽汁煮沸

一、麦芽汁煮沸的目的与作用

糖化后的麦芽汁必须经过强烈的煮沸，并加入酒花制品，成为符合啤酒质量要求的定型麦芽汁。

① 蒸发多余水分，使混合麦芽汁通过煮沸、蒸发、浓缩到规定的浓度。

② 破坏全部酶的活性，防止残余的 α-淀粉酶继续作用，稳定麦芽汁的组成成分。

③ 通过煮沸，消灭麦芽汁中存在的各种有害微生物，保证最终产品的质量。

④ 浸出酒花中的有效成分（软树脂、单宁物质、芳香成分等），赋予麦芽汁独特的苦味和香味，提高麦芽汁的生物和非生物稳定性。

⑤ 使高分子蛋白质变性和凝固析出，提高啤酒的非生物稳定性。

⑥ 降低麦芽汁的 pH 值，麦芽汁煮沸时，水中钙离子和麦芽中的磷酸盐起反应，使麦芽汁的 pH 值降低，利于球蛋白的析出和成品啤酒 pH 值的降低，对啤酒的生物和非生物稳定性的提高有利。

⑦ 还原物质的形成，在煮沸过程中，麦芽汁色泽逐步加深，形成了一些成分复杂的还原物质，如类黑素等。对啤酒的泡沫性能以及啤酒的风味稳定性和非生物稳定性的提高有利。

⑧ 挥发出不良气味，把具有不良气味的碳氢化合物，如香叶烯等随水蒸气的挥发而逸出，提高麦芽汁质量。

二、麦芽汁煮沸的方法

1. 传统煮沸方法

传统煮沸方法即传统的间歇常压煮沸方法，国内大多数中小企业均采用这种方法。设备如图 3-18 所示。

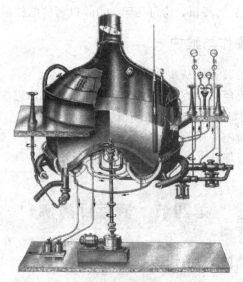

图 3-18　间歇常压煮沸锅

2. 体内加热煮沸法（内加热式煮沸锅）

体内加热煮沸即内加热式煮沸，设备如图 3-19 所示。此法属加压煮沸，即在 0.11~0.12MPa 的压力下进行煮沸，煮沸温度 102~110℃，最高可达 120℃。第一次酒花加入后开放煮沸 10min，排出挥发物质，然后将锅密闭，使温度在 15min 升至 104~110℃煮沸 15~25min，之后在 10~15min 内降至大气压力，加入二次酒花，总煮沸时间为 60~70min。此法可加速蛋白质的凝固和酒花的异构化，利于二甲基硫及其前体物质的降低。它的优点是煮沸时间比传统方法可缩短近 1/3，麦芽汁色度比较浅，麦芽汁中的氨基酸和维生素破坏得少，可提高设备的利用率，煮沸时不产生泡沫，也不需要搅拌。它的缺点是内加热器清洗较困难，当蒸汽温度过高时，会出现局部过热，导致麦芽汁色泽加深，口味变差。

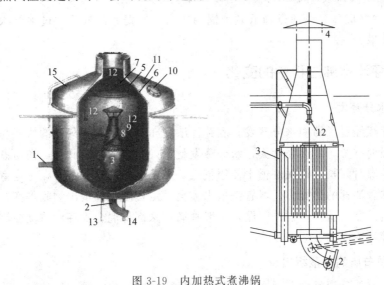

图 3-19 内加热式煮沸锅

1—麦芽汁入口；2—麦芽汁出口；3—内加热器；4—伞形罩；5—内壁；6—锅外壁；7—绝热层；
8—用于酒花混合的麦芽汁排出管；9—酒花添加管；10—视镜；11—照明开关；12—喷头；
13—蒸汽进口；14—冷凝水出口；15—CIP 进口

3. 体外加热煮沸法

体外加热煮沸也称为外加热煮沸，又称低压煮沸。它是用体外列管式或薄板热交换器与麦芽汁煮沸锅结合起来，把麦芽汁从煮沸锅中用泵抽出，在 0.2~0.25kPa 条件下，通过热交换器加热至 102~110℃后，再泵回煮沸锅，可进行 7~12 次的循环。煮沸温度可用热交换器出口的节流阀控制。当麦芽汁用泵送回煮沸锅时，压力急剧降低，水分很快随之蒸发，达到麦芽汁浓缩的目的。其优点是由于温度的提高，蛋白质凝固效果好（最终麦芽汁的可溶性氮含量可降低到 2.0mg/100mL 以下），煮沸时间可缩短 20%~30%（为 50~70min），因而可节能并提高 α-酸的异构化及酒花的利用率，利于不良气味物质的蒸发，使麦芽汁 pH

值降低、色泽浅、口味纯正。缺点是耗电量大，局部过热也会加深麦芽汁色泽。

4. 低压动态煮沸

低压动态煮沸特点如下。

① 总蒸发量 4%～5%，麦芽汁煮沸时间约 50min。

② 8 次"气提"（压力在 50～150mbar❶ 升降）形成动态煮沸，更有效地去除 DMS 等不良风味物质。

③ 麦芽汁热负荷（TBA）低，还原性物质损失少。

④ 低的蒸发强度同样有效降低可凝固蛋白质。

⑤ 低的蒸发量及煮沸锅热能回收较常规煮沸锅节能 40% 以上。

⑥ 二次蒸汽及冷凝水回收使用，环保无污染。

注："气提"——通过降低煮沸锅内压力，使麦芽汁处于"过沸"状态，强化煮沸效果。

三、麦芽汁煮沸过程中的变化

1. 水分蒸发

麦芽汁经过煮沸使水分蒸发，麦芽汁浓度亦随之增大。蒸发的快慢与麦芽汁的煮沸强度有关，煮沸强度大，水分蒸发就快，反之就慢。此外，还与煮沸时间有关，煮沸时间长，说明洗糟水使用量大，需要蒸发的水分多，在一定煮沸强度下，意味着消耗的热能多。尽管洗糟水多会一定程度提高浸出物收得率，但并不经济，这是需要认真考虑的问题，一般啤酒厂家都将混合麦芽汁浓度控制在低于终了麦芽汁浓度的 2%～3%。

2. 蛋白质的凝聚析出

蛋白质的凝聚是麦芽汁在煮沸过程中最重要的变化。蛋白质的凝聚质量直接影响麦芽汁的组成，进而影响酵母发酵以及啤酒的口味、醇厚性和稳定性。

蛋白质的凝聚可分为蛋白质的变性和变性蛋白质的凝聚两个过程。

麦芽汁中的蛋白质在未经煮沸前，外围包有水合层，有秩序地排列着，具有胶体性质，处于一定的稳定状态。当麦芽汁被煮沸时，由于温度、pH 值、多元酚和多价离子的作用，蛋白质外围失去了水合层，由有秩序状态变为无秩序状态，仅靠自身的电荷维持其不稳定的胶体状态。当带正电荷的蛋白质与带负电荷的蛋白质相遇时，两者聚合，先以细小的形式，继而不断增大而沉淀出来，使麦芽汁中的可凝固性蛋白质变性并凝聚析出。

影响蛋白质凝聚的因素主要有以下几个方面。

---

❶ $1bar = 10^5 Pa$。

（1）麦芽质量　麦芽质量好，麦芽中可溶性物质就多。因此，麦芽汁中可溶性多酚、单宁和花色苷及蛋白质的含量就高，易于和蛋白质反应，使蛋白质在煮沸过程中被大量凝聚析出，煮沸效果就越好。

（2）煮沸时间　麦芽汁煮沸时间对蛋白质凝聚影响较大，适宜的煮沸时间能形成较大的热凝固物颗粒，而过长的煮沸时间会使热凝固物颗粒被打碎，较容易保留在麦芽汁中，对发酵产生不利的影响。经验证明，煮沸时间在 90min 以内，可溶性氮含量随着煮沸时间的延长而明显减少。

（3）煮沸强度　煮沸强度越大，麦芽汁的运动越激烈，产生的气泡越多，比表面积越大，易于使变性蛋白质及蛋白质-单宁复合物在气泡表面接触凝聚而沉降析出。

（4）煮沸温度　煮沸温度对蛋白质影响较大，麦芽汁在高温下煮沸，有利于蛋白质的凝聚析出。

（5）酒花制品　酒花制品对蛋白质的凝聚具有重要意义。酒花制品中的单宁和单宁色素均带负电荷，极易与带正电荷的蛋白质发生中和而生成单宁-蛋白质的复合物。酒花单宁比大麦单宁活泼，可将不能被大麦单宁析出的蛋白质以及难以凝固或不凝固的蛋白质凝固析出。

（6）pH 值　煮沸时麦芽汁的 pH 值越低，越接近蛋白质的等电点 pH5.2 时，蛋白质与大麦多酚和酒花多酚就越易形成蛋白质多元酚复合物（统称单宁-蛋白质复合物）而凝固析出，从而降低麦芽汁的色泽，改善啤酒的口味，提高啤酒的非生物稳定性。

3. 麦芽汁色度上升

麦芽汁煮沸过程中，由于类黑素的形成以及多酚物质的氧化使麦芽汁的色度不断上升，煮沸后麦芽汁的色度明显高于混合麦芽汁的色度，但在发酵过程中色度会有所降低。

4. 麦芽汁酸度增加

煮沸时形成的类黑素和从酒花中溶出的苦味酸等酸性物质，以及磷酸盐的分离和 Ca^{2+}、Mg^{2+} 的增酸作用，使麦芽汁的酸度上升，pH 值下降。其下降幅度与麦芽溶解度、麦芽焙焦温度以及酿造用水有关，一般下降幅度为 0.1～0.2。pH 值的降低，有利于单宁-蛋白质复合物的析出，可使麦芽汁色度上升，使酒花苦味更细腻、纯正，有利于酵母的生长，但会使酒花苦味的利用率降低。

5. 灭菌、灭酶

糖化过程中一些细菌进入麦芽汁中，如果不杀灭这些细菌，一旦进入发酵罐会使麦芽汁变酸，麦芽汁煮沸过程可以杀灭麦芽汁中残留的所有微生物。

6. 还原物质的形成

麦芽汁煮沸过程中，生成了大量还原性物质，如类黑素、还原酮等。还原物质的生成量与煮沸时间呈正相关增加。由于还原性物质能与氧结合而防止氧化，因此对保护啤酒的非生物稳定性起着重要的作用。

7. 麦芽汁中二甲基硫（DMS）含量的变化

与制麦过程一样，在麦芽汁煮沸过程中，DMS 的前体物质可以分解为 DMS-P 和游离的 DMS。煮沸时间越长，煮沸强度越大，DMS-P 转变为 DMS 并被蒸发出去的量就越多，但由于煮沸时间不宜过长（不超过 2h），所以麦芽汁中还有 DMS-P 和 DMS 的存在。

8. 酒花组分的溶解和转变

酒花中含有酒花树脂、酒花苦味物质、酒花油和酒花多酚物质。α-酸通过煮沸被异构化，形成异 α-酸，而比 α-酸更易溶解于水，煮沸时间越长，α-酸异构化得率越高。β-酸在麦芽汁煮沸时部分溶解于麦芽汁中，溶解度及苦味力均较 α-酸弱，但其氧化产物却赋予啤酒以可口的香气。酒花油的溶解性很小、挥发性很强，在煮沸的初期就有 80% 以上的酒花油损失，煮沸时间越长，酒花油挥发量就越大。为使酒花油发挥作用，一般在麦芽汁煮沸结束前 15～20min 加入酒花油或香型酒花。

四、煮沸的技术条件

（一）麦芽汁煮沸时间

煮沸时间是指将混合麦芽汁蒸发、浓缩到要求的定型麦芽汁浓度所需的时间。煮沸时间的确定，应根据麦芽汁煮沸强度，掌握好麦芽汁混合浓度，以求在规定的煮沸时间内，达到要求的最终麦芽汁浓度。

一般来讲煮沸时间短，不利蛋白质的凝固以及啤酒的稳定性。合理地延长煮沸时间，对蛋白质凝固、α-酸的利用（异构化程度）及还原物质的形成是有利的。过分地延长煮沸时间，会使麦芽汁质量下降。如淡色啤酒的麦芽汁色泽加深、苦味加重、泡沫不佳。超过 2h，还会使已凝固的蛋白质及其复合物被击碎进入麦芽汁而难以除去。

常压煮沸 10～12°P 啤酒通常为 70～120min，内加热或外加热煮沸为 60～80min。

（二）煮沸强度

煮沸强度是麦芽汁煮沸每小时蒸发水分的百分率。

煮沸强度越大，翻腾越强烈，蛋白质凝结的机会就越多，越有利于蛋白质的变性而形成沉淀。一般控制在 8%～12%，可凝固性氮的含量可达 1.5～2.0mg/100mL，即可满足工艺要求。煮沸强度的高低与煮沸锅的加热方式、加热面积、热导率和蒸汽压力等密切相关。要求最终麦芽汁清亮透明，蛋白质絮状凝结、颗粒大、沉淀快。

（三）pH 值

麦芽汁煮沸时的 pH 值主要取决于混合麦芽汁的 pH 值，通常为 5.2～5.6，最理想的 pH 值为 5.2，此值恰好是蛋白质的等电点，蛋白质在等电点时是最不稳定的，最容易凝聚析出，有利于蛋白质及其与多酚物质的凝结，从而降低麦芽汁色度，改善口味，提高啤酒的非生物稳定性。但会稍稍降低酒的利用率。较低的 pH 值虽然对蛋白质的凝结有利，但却不利于 α-酸的异构化及酒花的利用率。

（四）煮沸温度

煮沸温度越高，煮沸强度就大，越有利于 α-酸的异构化，蛋白质的变性越充分，越有利于蛋白质的凝固。同时提高煮沸温度还可缩短煮沸时间，降低啤酒色泽，改善啤酒口味。

五、酒花的添加

（一）酒花添加的目的

1. 赋予啤酒特有的香味

酒花中的酒花和酒花树脂在煮沸过程中经过复杂的变化，以及不良成分的蒸发，可赋予啤酒以特有的香味。

2. 赋予啤酒爽快的苦味

酒花中 α-酸经异构化形成异 α-酸，β-酸氧化后的产物，均是苦味甚爽的物质。认真掌握工艺条件，可赋予啤酒理想的苦味。

3. 增加啤酒的防腐能力

酒花中的 α-酸和 β-酸具有抑制菌类生长和灭菌的作用，可以提高啤酒的防腐能力。

4. 提高啤酒的非生物稳定性

单宁、花色苷等多酚物质与麦芽汁中蛋白质形成复合物而沉淀析出，这个过程贯穿于整个酿造过程，在麦芽汁煮沸时有热凝固物析出，在麦芽汁冷却时又有冷凝固物析出，在发酵和贮酒期间还有冷浑浊物析出。

5. 防止煮沸时窜沫

麦芽汁煮沸开始，麦芽汁中蛋白质开始凝固，此时麦芽汁极易起沫，加入少量酒花，可以防止窜沫。

（二）酒花添加方法

1. 整酒花添加方法

酒花添加没有统一的方法，啤酒工厂都是根据自己的经验和产品特色制定相应的添加方法。酒花的添加次数，一般可采用 2～3 次添加。酒花添加的原则如下。

（1）苦型花和香型花并用时，先加苦型花、后加香型花。

（2）使用同种酒花，先加陈酒花，后加新酒花。

（3）分批加入酒花，本着先少后多的原则。

2. 酒花制品添加方法

（1）酒花浸膏的添加方法　　与酒花的添加方法基本一致，只是添加时间稍早一些。

（2）颗粒酒花的添加方法　　颗粒酒花现已广泛使用，由于颗粒酒花的有效成分比整酒花更易溶解，更有利于 α-酸的异构化，使用和保管均比整酒花更为方便，所以在各啤酒厂中普遍使用，而且添加次数也有所减少，为 1～3 次。

（3）酒花油的添加方法　　纯酒花油应先用食用酒精溶解（1∶20），然后在下酒时添加。如果是酒花油乳化液，既可在下酒时添加，又可在滤酒时添加。

（三）酒花添加量

酒花的添加数量应根据酒花中的 α-酸含量、消费者的嗜好、啤酒发酵的方式以及啤酒的类型来决定。不少企业已下降到 0.06%～0.1%。

淡色啤酒以酒花苦味和香味为主，应多加些；浓色啤酒以麦芽香为主，应少加些；酒花质量好比酒花质量差可少加些；近年来消费者饮酒喜欢淡爽型、超爽型、干啤、超干啤及纯生啤酒，所以酒花添加量在下降。

六、煮沸锅的操作与维护

（一）煮沸锅的操作

① 在过滤麦芽汁没过煮沸锅加热夹套时，开始预热。通常是在洗糟结束前 45min 左右开始预热，热麦芽汁温度达 95℃ 左右。

② 洗糟结束时测定满锅麦芽汁浓度和数量，然后开大蒸汽压力，在工艺要求控制的范围之内进行煮沸。煮沸的时间为 70～90min。

③ 煮沸过程中按工艺要求添加酒花。煮沸过程中不允许中途加水，要求关闭锅盖，防止吸氧。

④ 低压煮沸时，加入第一次酒花 10min 内敞口煮沸，排出易挥发性物质。然后将锅盖密闭，约 15min，锅内最大压力为 0.06MPa，使麦芽汁温度达到 104～110℃，煮沸 15～25min。之后在 15～20min 内将锅内压力降低至大气压力，进行密闭煮沸。酒花则通过添加泵在减压阶段加入，煮沸后无压。

⑤ 煮沸结束时，测量终了麦芽汁浓度和数量，停止加热，送入下一工序分离热凝固物。

⑥ 按工艺要求用人工或自动清洗煮沸锅（图 3-20、图 3-21）。否则，容易出现蒸汽压力过大，而麦芽汁温度仍然达不到的现象。要求每周进行一次大清洗，将 90～95℃ 的 2% 的氢氧化钠溶液泵入整个系统进行碱洗，之后放出沉淀物，再用清水冲洗干净。

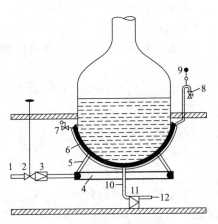

图 3-20　带夹套的蒸汽煮沸锅

1—蒸汽进口；2—蒸汽进口阀；3—减压阀；4—环管；
5—夹套进管；6—夹套；7—安全阀；8—排气阀；
9—压力表；10—冷凝水排管；11—疏水器；
12—冷凝水排出管

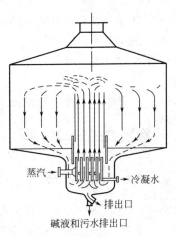

图 3-21　具有内加热器的煮沸锅

（二）煮沸锅的维护与保养

① 内加热器工作过程中使用蒸汽压力不能超过加热器的额定工作压力。

② 按工艺要求开关蒸汽阀，使温度在规定时间内达到工艺要求的温度。

③ 每次煮沸前，应先打开不凝汽排放阀门，在打开蒸汽阀门之后直到有蒸汽由不凝汽阀门排出时，关闭不凝汽阀门，方可继续加热。

④ 应按工艺要求，对锅的内表面及加热器清洗，清除残垢，以免影响煮沸强度。

第五节　麦芽汁的澄清和冷却

一、概述

麦芽汁煮沸定型后，在进入发酵以前还需要进行一系列处理，它包括：热凝固物的分离、冷凝固物分离、麦芽汁的冷却与充氧等一系列处理。由于发酵技术不同，成品啤酒质量要求不同，处理方法也有较大差异。最主要的差别是冷凝固物是否进行分离。

麦芽汁处理的要求如下。

（1）对可能引起啤酒非生物浑浊的冷、热凝固物要尽可能地分离出去。

（2）在麦芽汁温度较高时，要尽可能减少接触空气，防止氧化。在麦芽汁冷却后，在发酵之前，必须补充适量氧气，以供发酵前期酵母呼吸，增殖新的酵母细胞。

（3）在麦芽汁处理的各工序中，要杜绝有害微生物的污染。

二、热凝固物的分离技术

（一）形成热凝固物

热凝固物又称煮沸凝固物或粗凝固物。在麦芽汁煮沸过程中，由于蛋白质变性和凝聚，以及与麦芽汁中多酚物质不断氧化和聚合而形成。同时吸附了部分酒花树脂。60℃以前，热凝固物不断析出，热凝固物由 $30\sim80\mu m$ 的颗粒组成，其析出量为麦芽汁量的 $0.3\%\sim0.7\%$，每百升麦芽汁的绝干热凝固物为 $0.05\sim0.1kg$。

热凝固物对啤酒酿造没有任何价值，相反它的存在会损害啤酒质量，主要表现在以下几个方面。

（1）不利于麦芽汁的澄清。

（2）没有较好分离出热凝固物的麦芽汁，在发酵过程中会吸附大量的酵母，不利于啤酒的发酵。

（3）没有较好分离出热凝固物的麦芽汁，会影响啤酒的非生物稳定性和口味。

（4）热凝固物的分离效果不好，会给啤酒的过滤增加困难。

影响热凝固物沉淀的因素：麦芽溶解不良，糖化不完全；麦芽汁煮沸强度不够，凝固物颗粒细小；麦芽汁黏度高或浓度过高；麦芽汁 pH 值过低，达不到 pH $5.2\sim5.6$；酒花添加量过少或质量差等，均会影响热凝固物的形成。

（二）热凝固物的分离方法——回旋沉淀槽法

1. 结构

回旋沉淀槽是圆柱平底罐，如图 3-22 所示。热麦芽汁沿槽壁以切线方向泵入槽内。由于麦芽汁是切线进入，所以，在槽内形成回旋运动产生离心力，在离心力的作用下，热凝固物迅速下沉至槽底中心，形成较密实的锥形沉淀物。分离结束后，麦芽汁从槽边麦芽汁出口排出，热凝固物则从罐底出口排出。除平底回旋槽外，还有凹形杯底和锥形底回旋沉淀槽，更有利于麦芽汁中沉淀物的收集和排放。

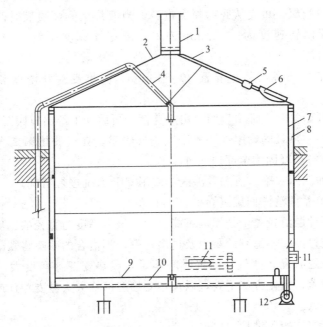

图 3-22　回旋沉淀槽

1—排气筒；2—槽盖；3—冷凝水排出管；4—CIP 清洗；5—照明；
6—观察窗；7—槽壁夹套；8—隔热层；9—斜率为 1% 的回旋沉淀槽底；
10—CIP 槽底冲洗；11—切线进口；12—出口

平底回旋沉淀槽的主要技术指标如下。

① 沉淀槽的直径与麦芽汁液位高度之比为（1.5～2）：1。

② 麦芽汁高度不高于 3m。

③ 麦芽汁进槽的切线速度为 10～20m/s。

④ 槽底部向麦芽汁出口处倾斜 1%～2%。

⑤ 麦芽汁进槽时间 20～30min。

⑥ 麦芽汁静置时间 25～40min。测量其浓度和容量，检查浊度。

⑦ 麦芽汁进口位置一个在麦芽汁高度的 1/3 处，另一个进口为避免吸氧装在槽底部。

⑧ 麦芽汁在回旋沉淀槽内的旋转速度为 10r/min 左右。

⑨ 麦芽汁出口位置，上部出口位置在麦芽汁高度的 2/3 处，中部出口位置在低于麦芽汁上部出口的 20cm 左右，下部出口在槽底部，要求麦芽汁流速要慢，避免热凝固物流出。

2. 回旋沉淀槽的操作与维护

（1）回旋沉淀槽的操作

① 煮沸结束后的麦芽汁以不低于 10m/s 的速度泵入回旋沉淀槽。

② 为减少吸氧，可先从底部喷嘴进料，当液位至侧面喷嘴时改为侧面喷嘴进料，麦芽汁回转速度为 110r/min 左右，麦芽汁深度一般＜3m，进料时间 20～30min。

③ 进料结束，将麦芽汁静置 30～40min，测量麦芽汁浓度和容量，检视浊度。

④ 冷却开始先开上部出口阀流出麦芽汁，再后开下部出口阀至结束。

⑤ 槽底中心热凝固物用水冲入凝固物回收罐。在过滤槽第二次洗槽时开耕刀，将回收罐中热凝固物全部送入过滤槽。

⑥ 用水冲洗回收罐。清洗煮沸锅，或用 CIP 系统进行清洗。

⑦ 用 CIP 系统清洗回旋沉淀槽。

有时麦芽汁澄清较差，其原因可能是由于槽身高度与直径的比例不合适，泵送速度不足或过高，不适宜的泵以及过多弯管，不适合的喷嘴将絮凝物打碎。也可能是由于泵送时混入空气，静置时间不足，或热麦芽汁黏度大，凝固物含量高，麦芽溶解差，糖化方法不妥，以及过滤槽上部虹吸头号麦芽汁或麦芽汁过滤浑浊等因素所致。

（2）回旋沉淀槽的维护和保养

① 按工艺要求对设备内壁清洗，做到光亮、无污物。

② 定期对设备及输送管路进行清洗、除蚀。

③ 经常检查喷射器是否堵塞或结垢以及是否内径磨损太大，以免影响回旋速度和澄清程度。

3. 分离热凝固物发生的问题及原因

① 麦芽汁液面过高，直径过小　是由回旋沉淀槽自身的结构比例不合适所致。

② 凝固物沉淀不坚实　是由泵送速度不足，达不到要求的进槽切线速度以及麦芽汁的旋转速度不够所致。

③ 旋转时间过长　泵送速度过高所致。

④ 热凝固物沉淀不良　泵送时混入空气，形成涡流，使已形成的热凝固物破碎；麦芽汁黏度过高，热凝固物沉降缓慢，受规定静置时间限制；麦芽汁入槽不呈切线方向，形成涡流；输送弯管过多，管路过长或管路截面的变化而导致热凝固物再度被分散，静置时间过短。这些原因均会影响沉淀效果，造成热凝固物沉淀不良。

⑤ 负荷过重　麦芽汁中含有较多的凝固物（由于较高的麦芽蛋白质含量和较多的麦芽汁过滤浑浊物等）所致。

⑥ 麦芽汁色度加深、口感粗糙　往往是由设备不平衡，麦芽汁冷却速度过慢，延长了麦芽汁在回旋沉淀槽的滞留时间，使麦芽汁在回旋沉淀槽中受较高温度的作用，易形成羟甲基糠醛和类黑精，导致麦芽汁色度加深、口感粗糙。二甲基硫的前体物质在麦芽汁受热阶段，也不断发生分解，形成较多的二甲基硫，由于在槽内，而不易挥发掉。

三、冷凝固物的分离技术

(一) 析出冷凝固物

冷凝固物又称冷浑浊物或细凝固物，是指麦芽汁从 60℃ 以后凝聚析出的浑浊物质。随着温度的降低、pH 值的变化以及氧化作用，其析出量逐渐增多，25～35℃ 析出最多。冷浑浊物主要是盐溶性 β-球蛋白以及 δ-醇溶蛋白、ε-醇溶蛋白的分解产物与多酚的络合物，还松散结合 β-葡聚糖，被氧化后逐渐形成复合物而析出。

(二) 冷凝固物的分离方法

冷凝固物的分离方法有酵母繁殖槽法、锥形发酵罐分离法、浮选法、离心分离法和麦芽汁过滤法（可靠的凝固物分离方法）。通常采用酵母繁殖槽法、锥形发酵罐分离法和浮选法。

1. 酵母繁殖槽法

传统发酵多采用酵母繁殖槽分离冷凝固物。此法是指冷却麦芽汁添加酵母后，在酵母繁殖槽滞留 14～20h，当麦芽汁表面出现白沫时，用泵将上层麦芽汁送入发酵池，冷凝固物和死酵母则留在槽底。此法可分离出冷凝固物近 30%。

2. 锥形发酵罐分离法

此法是将冷麦芽汁流加酵母进入锥形发酵罐发酵，满罐 24h 后，从锥底排放冷凝固物和部分酵母。之后再根据工艺要求，定时排放冷凝固物。

3. 硅藻土过滤法

采用烛式或水平叶片式硅藻土过滤机去除冷凝固物，可分离 75%～85% 的冷凝固物。硅藻土的使用量 $60\sim80g/100L$，全部冷却麦芽汁用硅藻土过滤。此法对啤酒的口感稍有影响，过滤后的酒，一般不够醇厚，特别是泡沫较差，其原因是冷凝固物的 β-球蛋白以及 δ-醇溶蛋白、ε-醇溶蛋白及其分解的多肽，与麦芽汁中的多酚物质以氢键相连后，变成了不溶性物质。这些不溶性物质是产生泡沫的主要成分，过分除去势必影响啤酒的起泡性。

4. 浮选法

浮选法的原理是冷浑浊将聚集于超量通入的空气气泡表面，在麦芽汁表面形成高而结实的泡盖，几小时后变为褐色。

浮选罐内麦芽汁高度最高为 $4m$，若用两锅麦芽汁浮选，麦芽汁高度可提高至 $6\sim7m$，同时预留麦芽汁量至少 30% 的泡沫上升空间。浮选罐背压 $50\sim90kPa$，通过文丘里管将无菌空气（$30\sim70L/hL$）通入冷麦芽汁，使麦芽汁呈乳浊液状，同时加入酵母（$15\sim18$）$\times10^6$ 个/mL，浮选 $6\sim16h$，直至泡盖将要下沉前，酵母数已增至（$22\sim24$）$\times10^6$ 个/mL，则泵入发酵罐。

此法可以对不理想的麦芽汁过滤进行弥补。可除去冷凝固物 $50\%\sim70\%$，造成麦芽汁损失率 $0.2\%\sim0.4\%$。分离的效果与空气量、气泡的大小、浮选罐液层高度以及静置时间有关。

四、麦芽汁的冷却与充氧

（一）麦芽汁的冷却

1. 冷却的目的与要求

煮沸定型后的麦芽汁，必须立即冷却，其目的是：
（1）降低麦芽汁温度，使之达到适合酵母发酵的温度。
（2）使麦芽汁吸收一定量的氧气，以利于酵母的生长增殖。
（3）析出和分离麦芽汁中的冷、热凝固物，改善发酵条件和提高啤酒质量。
麦芽汁冷却的要求：冷却时间短，温度保持一致，避免微生物污染，防止浑浊沉淀进入麦芽汁，保证麦芽汁足够的溶解氧。

2. 冷却的方法

麦芽汁冷却的方法有开放式喷淋冷却及密闭式薄板冷却或列管冷却。现主要采用密闭式薄板冷却器进行冷却。

（1）工作原理　薄板冷却器每两块板为一组，中间用橡胶圈密封，以防相互渗漏，麦芽汁和冷溶剂从薄板冷却器的两端进入，在同一块板的两侧逆向流动。由于薄板上的波纹使麦芽汁和冷溶剂在板上形成湍流，从而使传热效率大大提高，达到冷却的目的。

（2）冷却方式　以前多数采用两段法冷却，即先用自来水（或井水）冷却，再用20%酒精水（或盐水）冷却。也可用低温生产用水在预冷区先将麦芽汁冷却至16～18℃，而冷却水被加热至80～88℃，在深水区麦芽汁又被1～2℃的冰水冷却至接种温度6～8℃。

目前我国啤酒厂家绝大多数采用一段冷却法。即先将酿造水冷至1～2℃作为冷溶剂，与热麦芽汁在板式换热器中进行热交换，结果使95～98℃麦芽汁冷却至6～8℃去发酵，而1～2℃酿造水升温至80℃左右，进入热水箱，作糖化用水。其优点是冷耗可节约30%，冷却水可回收使用，节省能源，与两段法相比稳定性更强，更易于控制，也没有中间材料消耗。

3. 薄板冷却器的操作与维护

（1）薄板冷却器的操作

① 做好板片清洁工作，不得有铁屑、脏物，检查是否被腐蚀，板上橡胶垫圈是否脱胶。

② 薄板冷却器按流程图进行组装，不得渗漏。使用前用80～85℃热水冲洗杀菌15～20min。

③ 调节麦芽汁与冷却剂的泵送压力均为0.1～0.15MPa，尽量保持均衡，不得超过规定的压差，以免造成喷液或胶垫渗漏，使冷却剂进入麦芽汁的质量事故。

④ 打开旋塞放出麦芽汁，旋塞不应开得太大，以使冷却温度在±0.5℃要求内，不得忽高忽低并及时通风充氧。

⑤ 冷却后30min取麦芽汁测量其巴林度，并取样检测微生物。

⑥ 冷却结束后，通知冷冻间关闭制冷剂，再用无菌压缩空气吹尽板式热交换器中的麦芽汁余液。

⑦ 通水冲洗冷却器，再用80～85℃热水循环杀菌20min，待用。

（2）薄板冷却器的维护保养

① 检查各夹紧螺栓是否松动，如有松动，按规定要求的尺寸夹紧。

② 设备运行前应打开所有出口阀，并关闭所有进口阀，待泵启动正常后，再慢开泵的进口阀，逐渐提高压力，以免瞬间冲击，产生高压损坏设备。

③ 换热器运行时为防止一侧超压，应先加入低压侧流体，然后再加入高压侧流体。

④ 根据换热器的进出口温度和压力表的指示，调整冷热流体的流量，达到工艺要求。

⑤ 停车时按启动的逆过程。

⑥ 定期对换热器的内部进行清洗，水程可用酸洗，麦芽汁程可用碱洗，拆开清洗时除砂粒及不溶物，严禁使用钢刷。

⑦ 长期不用应将夹紧螺栓松开到要求夹紧尺寸的1.15倍，使用时再夹紧到规定要求的尺寸。

（二）麦芽汁的充氧

麦芽汁中适度的溶解氧有利于酵母的生长和繁殖，根据亨利-道尔顿定律，氧在麦芽汁中的溶解度和麦芽汁中氧的分压成正比，和麦芽汁的温度成反比。所以麦芽汁冷却利于氧的溶解。

1. 通风供氧的目的

（1）供给酵母生长繁殖所必需的含氧量（8～10mg/L）。过高会使酵母繁殖过量，发酵副产物增加；过低酵母繁殖数量不足，会影响发酵速度。

（2）浮选法中强烈的通风利于冷凝固物的去除。

2. 通风供氧的方法

（1）陶瓷烛棒或烧结金属烛棒　这是一种简单、有效的溶解氧方法。是将空气通过烛棒的细孔喷入流动的麦芽汁中，形成细小的气泡，实现溶氧的目的。但为防止感染，烛棒孔洞的清洗将非常耗时麻烦。

（2）文丘里管　文丘里管中有一管径紧缩段，用来提高流速，空气通过喷嘴喷入，在管径增宽段形成涡流，使空气与麦芽汁充分混合。

（3）带双物喷头的通风设备　其结构与文丘里管类似，空气通过管壁上的细喷头喷入，形成紧密的细小气泡，实现溶氧的目的。

（4）带静止混合器的通风设备　静止混合器中有一安有弯曲混合带的反应段，使麦芽汁不断改变流动方向产生涡流，而使空气很好地溶解在麦芽汁中。

一般供给麦芽汁过量的空气（3～10L/hL 麦汁），使麦芽汁含氧达到 8～10mg/L。

五、麦芽汁制备过程的关键

麦芽汁制备是啤酒生产的重要环节。为保证啤酒发酵的顺利进行，通过糖化工序将麦芽中的非水溶性组分转化为水溶性物质，即将其转变为能被酵母利用的可发酵糖和营养物质。麦芽汁质量的好坏，将影响最终产品啤酒的风味稳定性。

1. 控制好麦芽汁制备各阶段的温度、pH 值及时间

从原料麦芽、水、酒花等得到定型麦芽汁，其过程中包括一系列的物理、化学变化，控制好麦芽汁制备各阶段的温度、pH 值很重要。为了得到组分稳定一致且符合要求的麦芽汁，就必须控制好各阶段的时间。

①控制辅料糊化、液化时的温度、pH 值及时间；②控制蛋白质休止时的温度、pH 值及时间；③控制糖化温度、pH 值；④控制洗槽水温度、pH 值；⑤控制煮沸锅满量麦芽汁和 pH 值。

2. 控制麦芽汁浊度

浑浊麦芽汁中的脂肪酸、蛋白质、淀粉、糊精等含量高，会导致碘值升高、煮沸蛋白质絮凝差、回旋沉淀槽澄清效果差及麦芽汁组成不合理，从而影响发酵以及成品酒泡沫和风味、稳定性等一系列问题。

控制过滤麦芽汁浊度的要点包括：①麦芽汁回流时间控制为 10～15min，以麦芽汁清亮为准；②原麦芽汁过滤时，要控制合适的阀门开度；③当麦芽汁液位降到糟层表面 1～2cm 时是加洗糟水的最佳时机；④耕刀底部与滤槽假底最小距离为 6～8cm；⑤尽量自上而下地耕糟，不要固定在底部或中部，且耕糟过程不能推糟。

3. 控制热负荷

糖化热负荷影响啤酒风味物质的母体数量，过高的热负荷会使麦芽汁色度差、产生焦煳味等，同时浪费蒸汽；反之，热负荷较低的麦芽汁，酿造的啤酒口味相对纯净、新鲜，风味稳定。因此，在麦芽汁制备的过程中要尽量减小热负荷。

控制热负荷的主要措施包括：①保障麦芽汁制备过程各恒温段时间和倒醪时间按工艺要求执行；②控制麦芽汁过滤时间 ≤150min；③控制暂存时间 ≤90min；④控制麦芽汁预热时间 ≤25min；⑤控制麦芽汁煮沸时间 ≤60min；⑥煮沸锅加热蒸汽与麦芽汁温差 ≤25℃；⑦控制回旋沉淀槽静止时间 15～25min；⑧控制麦芽汁冷却时间 ≤60min。

4. 控制氧负荷

氧在啤酒酿造过程起非常重要的作用，啤酒老化本质是酿造过程基态氧在金属离子（铁、铜离子）的催化作用下产生超氧、过氧自由基和羟基自由基，自由基氧化啤酒中老化前驱物质，生成各种羰基化合物，产生老化味。麦芽汁制备过程应控制原料、麦芽汁与氧接触，降低氧负荷。

控制氧负荷的措施主要包括：①醪液进料隔氧，减少醪液与空气的接触；②控制糖化设备搅拌；③从底部进醪或者温和地从侧面进醪；④麦芽汁回流时，避免醪液再次进入时高于麦糟表面；⑤采用连续洗糟，避免洗糟过程中糟层板结；⑥排糟后确保残留麦糟保持最低量；⑦回旋沉淀槽进麦芽汁前用二氧化碳或高纯氮气保护。

5. 辅助用酶制剂的使用

如果使用的麦芽质量不好，麦芽本身所含酶系难以完成糖化时，或增加辅料、减少麦芽用量而出现酶量不足时，可以添加一些酶制剂以解决糖化不完全、麦芽汁浊度高、过滤速度慢、发酵度低、口感差等问题。

要制备出质量优异的麦芽汁，除需要控制好以上几个工艺要点外，还需要有全面的工艺安排、先进的设备、稳定的操作作为支持。只有把握好每一个细节，才能制备出优良的麦芽汁，进而酿造出优质的啤酒。

第四章　啤酒酿造

第一节　啤酒酵母

一、酵母的分类、结构和组成

（一）啤酒酵母的分类

在微生物分类学上，通常将微生物分为门、纲、目、科、属、种，种以下有变种、型、品系等。啤酒酵母属于真菌门、子囊菌纲、原子囊菌亚纲、内孢霉目、内孢霉科、酵母亚科、酵母属、啤酒酵母种。根据啤酒酵母的发酵（棉子糖发酵）类型和凝聚性的不同可分为上面酵母与下面酵母、凝聚性酵母与粉状酵母。

凝聚性酵母与粉状酵母：发酵时容易相互凝聚而沉淀的酵母称为凝聚性酵母。一般发酵期间，酵母由于带相同电荷不会相互凝聚，发酵快结束时 pH 值降至 $4.3\sim4.7$ 接近酵母细胞的等电点时，使酵母细胞相互凝聚而沉淀。使用凝聚性酵母，啤酒澄清快，但发酵度较低。酵母的凝聚性既受基因的控制，又与环境条件有关，且凝聚作用是可逆的。粉状酵母在发酵期间始终悬浮于发酵液中，不易沉淀，酵母回收困难，啤酒难以澄清，但发酵度高。

（二）啤酒酵母的结构

通过显微镜观察啤酒酵母的细胞，可以看到有细胞壁、细胞膜、细胞核、细胞质、液泡、内质网膜、线粒体、颗粒等。

（三）酵母细胞的组成

1. 啤酒酵母的化学成分

啤酒酵母细胞含水质量分数为 $65\%\sim85\%$，其中 60% 是游离水，$10\%\sim30\%$ 为结合水。含氮化合物的含量占酵母干物质质量的 $45\%\sim60\%$，是酵母细胞的主要组成成分；多糖类（碳水化合物）占酵母干物质质量的 15%～37%，也是细胞壁的主要组成成分；脂肪含量占酵母干物质的 3%～37%，在细胞中以脂肪滴形式存在，也是贮藏的营养物质，部分脂肪和蛋白质结合为脂蛋白，还有磷脂、固醇及不饱和脂肪酸；灰分含量占酵母干物质质量的 6%～12%，其中磷、钙、钾、镁、铁、硫、锌等均为酵母生长代谢不可缺少的成分；啤酒酵母中还含有多种维生素，主要是 B 族维生素，B 族维生素是各种酶活性基的组成部分，对细胞的生理活动具有重要影响。

2. 啤酒酵母中的酶类

啤酒酵母的细胞膜、线粒体、液泡和细胞核中含有丰富的酶类，如麦芽糖酶、棉子糖酶、蜜二糖酶、脱羧酶、脱氢酶、转氨酶、合成酶、还原酶等（表 4-1）。由于酶的催化作用，酵母在发酵期间（厌氧条件下）进行乙醇发酵，并进行其他物质的转化，直接影响啤酒的质量。

表 4-1　啤酒酵母体内的主要酶类

酶种类	作　用	最适作用条件
麦芽糖酶	水解麦芽糖为 2 分子葡萄糖,啤酒酵母细胞内含量丰富,细胞外活动能力有限	最适温度为 35℃,最适 pH 6.1～6.8
蔗糖酶	也称转化酶,能将蔗糖水解成葡萄糖和果糖,为胞内酶	最适温度为 55℃,最适 pH 4.2～5.2
棉子糖酶	水解棉子糖为果糖和蜜二糖。啤酒酵母均含有此酶	最适作用 pH 4.0～5.0
蜜二糖酶	水解蜜二糖为葡萄糖和半乳糖,下面酵母含有此酶	最适温度为 42℃,最适 pH 6.5
酒化酶	酵母酒精发酵系列酶类,为胞内酶。能将葡萄糖等单糖转化为乙醇和 CO_2,其中包括磷酸转移酶、氧化还原酶、异构化酶以及裂合酶类等	
蛋白质分解酶	为胞内酶,分蛋白酶、多肽酶、二肽酶等。如蛋白酶 A 是酵母自溶的主要因素	死酵母在温度较高时将发生自溶现象

二、酵母的新陈代谢、特性

（一）酵母的新陈代谢

生物体与外界环境之间物质和能量的交换，以及生物体内物质和能量的转变过程，叫做新陈代谢。新陈代谢是生物的最基本特征，其中包括同化作用和异化作用两个生理过程。新陈代谢的实质是物质和能量代谢，是生物体内自我更新的过程。在新陈代谢过程中，生物体内进行的每一步化学反应都需要酶的参与。

啤酒酵母为兼性厌氧菌。在啤酒酿造过程中，啤酒酵母在有氧情况下吸收麦芽汁中的糖和其他营养成分，合成酵母细胞，该过程被称为同化作用或合成代谢，为吸能反应；而在厌氧情况下，酵母进行细胞内呼吸将葡萄糖不完全氧化而分解转变成乙醇和二氧化碳，称为异化作用或分解代谢（习惯称为啤酒发酵），该过程释放出能量为放能反应。酵母在有氧条件下合成酵母细胞时，要消耗一定量的糖（通过呼吸作用）转变成 CO_2 和 H_2O，同时释放出大量能量供酵母生长繁殖用。啤酒的发酵过程实质上是啤酒酵母利用麦芽汁中的糖和其他营养物质在有氧和无氧情况下为维持正常生命活动而进行的一系列新陈代谢过程，啤酒酵母新陈代谢的最终产物就是我们所要的产品——啤酒。

（二）特性

啤酒生产对啤酒酵母的要求是：发酵力高，凝聚力强，沉降缓慢而彻底，繁殖能力适当，有较高的生命活力，性能稳定，酿制出的啤酒风味好。

三、酵母的选育与扩大培养

（一）酵母的选育

酵母选育的目的是为了得到性能优良的菌株。不同的菌株酿制出的啤酒风味不同，啤酒生产企业为保证正常生产和保持产品质量的一致性，必须保持酵母菌种的稳定和优良性能。酵母菌种的选育应是啤酒生产企业十分重要的经常性工作，若生产中出现发酵迟缓、发酵力衰退、发酵不彻底、双乙酰峰值高且还原慢、酵母凝聚性变差、啤酒风味改变等情况，则说明啤酒酵母已退化，需要进行酵母的选育。

1. 优良啤酒酵母应具备的特点

① 能从麦芽汁中有效地摄取生长和代谢所需的营养物质。
② 酵母繁殖速度快，双乙酰峰值低、还原速度快。
③ 代谢的产物能赋予啤酒良好的风味。
④ 发酵结束后能顺利地从发酵液中分离出来。

2. 酵母菌种选育的方法

（1）从生产菌种中选育　在生产过程中随时分离选育优良菌种是保证菌种优良性能的一种有效措施，对于生产中出现的发酵速度快、双乙酰峰值低且还原快、口味好的未污染杂菌的发酵液要及时从回收酵母中进行菌种分离，可以得到优良的变异菌株。

具体操作时要分离 50~100 个单细胞，根据菌落、细胞形态等外观条件选取 30~50 个菌株；根据发酵力、凝聚力、死灭温度等指标淘汰 2/3 菌株；实验室中根据对菌株形态、发酵性能的全面分析对比，从 10~15 支菌株中选取 5 株较好菌株；对 5 支菌株进行中型发酵对比实验，挑选较理想菌株投入生产试验，经 2～3 次验证，效果比原有菌种好的可以取得原有菌种，投入正常生产。

（2）在已有的菌种中选择　在企业实验室保藏的菌种中进行筛选。选择发酵速度快、双乙酰峰值低且还原快、口味好的酵母菌种进行中试及生产试验，确定其效果后即可用于生产。

（3）诱变和杂交育种　利用物理或化学方法进行诱变育种，在现代发酵产品生产中应用比较多（如味精、酶、有机酸等生产）。杂交育种是利用两种不同酵母产生的子囊孢子发育后得到的单倍体细胞进行融合，形成双倍体杂种细胞，培养后再诱导产生新子囊孢子，得到子代杂交细胞菌种。也可将不同酵母产生的孢子除去细胞壁后在专门培养室融合，得到杂交细胞。

（二）啤酒酵母扩大培养的目的与要求

1. 酵母扩大培养的目的

啤酒酵母扩大培养是指从斜面种子到生产所用的种子的培养过程。酵母扩培的目的是及时向生产中提供足够量的优良、强壮的酵母菌种，以保证正常生产的进行和获得良好的啤酒质量。一般把酵母扩大培养过程分为两个阶段：实验室扩大培养阶段（由斜面试管逐步扩大到卡氏罐菌种）和生产现场扩大培养阶段（由卡氏罐逐步扩大到酵母繁殖罐中的零代酵母）。扩培过程中要求严格无菌操作，避免污染杂菌，接种量要适当。

2. 啤酒酵母扩大培养的方法

（1）实验室扩大培养阶段（示例）　斜面原菌种 $25℃$，$3～4$ 天→斜面活化 $25℃$，$24～36h$→10mL 液体试管 $25℃$，$24h$→100mL 培养瓶→1L 培养瓶 $20℃$，$24～36h$→5L 培养瓶 $16～18℃$，$24～36h$→25L 卡氏罐 $14～16℃$，$36～48h$。

（2）生产现场扩大培养阶段　25L 卡氏罐→250L 汉生罐 $12～14℃$，$2～3$ 天→1500L 培养罐 $10～12℃$，3 天→100hL 培养罐 $9～11℃$，3 天→$20m^3$ 繁殖罐 $8～9℃$，$7～8$ 天→零代酵母。

3. 酵母的使用和管理要点

（1）扩培麦芽汁要求　卡氏罐之前的麦芽汁为头号麦芽汁，加水调节浓度为 $11～12°P$，$0.1MPa$ 蒸汽灭菌 $20～30min$；现场扩培用麦芽汁为沉淀槽中的热麦芽汁，浓度在 $12°P$ 左右，$α$-氨基氮应在 $180～220mg/L$，也可添加适量的酵母营养盐。麦芽汁灭菌方法同前。

（2）酵母扩培要求　酵母扩培是基础，只有培养出高质量的酵母，才能生产出好的啤酒。扩培必须保证两点。

① 原菌种的性状要优良。

② 扩培出来的酵母要强壮无污染。扩培在实验室阶段，由于采用无菌操作，

只要能遵守操作技术和工艺规定，很少出现杂菌污染现象。进入车间后，如卫生条件控制不好，往往会出现染菌现象，所以扩培人员首先无菌意识要强，凡是接种、麦芽汁追加过程所要经过的管路、阀门必须用热水或蒸汽彻底灭菌，室内的空气、地面、墙壁也要定期消毒或杀菌，通风供氧用的压缩空气也必须经过$0.2\mu m$的膜过滤之后才能使用。同时充氧量要适量，充氧不足酵母生长缓慢，充氧过度会造成酵母细胞呼吸酶活性太强，酵母繁殖量过大对后期的发酵不利。一般扩培酵母在进入培养罐前每天要通氧三次，每次20min。发酵后的培养，要求麦芽汁中溶解氧9mg/L左右。最后，每一批扩培的同时还应对酵母的发酵度、发酵力、双乙酰峰值、死灭温度等指标进行检测，以便及时、正确掌握酵母在使用过程中的各种性状是否有新的变化。

（3）酵母的添加　酵母添加前麦芽汁的冷却温度非常重要。各批麦芽汁冷却温度要求必须呈阶梯式升高，满罐温度控制在$7.5\sim7.8℃$之间，严禁有先高后低现象，否则将会对酵母活力和以后的双乙酰还原产生不利的影响。同时要准确控制酵母添加量，如果添加量太小，则酵母增长缓慢，对抑制杂菌不利，一旦染菌，无论从口味还是双乙酰还原都将受到影响。添加量太小会因酵母增殖倍数过大而产生较多的高级醇等副产物；添加量过大，酵母易衰老、自溶等，添加量控制在0.7%左右。

（4）温度控制　在发酵过程中，温度的控制十分关键。根据菌种特性，采用低温发酵，高温还原。既有利于保持酵母的优良性状，又减少了有害副产物的生成，确保了酒体口味比较纯净、爽口。如果发酵温度过高，虽然可缩短发酵周期，加速双乙酰还原，但过高的发酵温度会使啤酒口味比较淡薄，醇醛类副产物增多，同时也会加速菌种的突变和退化。

（5）酵母的回收与排放　酵母回收的时机非常关键，通常是在双乙酰还原结束后开始回收酵母，但酵母死亡率较高，大都在7%～8%，对下批的发酵非常不利，通过反复实验、对照，并对酵母进行跟踪检测，发现封罐4～5天后大部分酵母已沉降到锥底，只有少量悬浮在酒液中参与双乙酰还原，此时回收酵母，基本不会对双乙酰还原产生什么影响，而且回收酵母的死亡率也下降至2%～3%。回收前的准备工作也很重要，首先要把酵母暂存罐用80℃热水彻底刷洗干净，然后降温至7～8℃，并备有一定量的无菌空气，以防止酵母突然减压细胞壁破裂。从锥形罐回收的酵母，应尽量取中间较白的部分。回收完毕后缓慢降温到4℃左右，以备下次使用，在酵母罐保存的时间不得超过36h。当酒液降至0℃以后，还要经常排放酵母，否则由于锥底温度较高，酵母自溶后，一方面有本身的酵母臭味，另一方面自溶后释放出来的分解产物进入啤酒中，会产生比较粗糙的苦味和涩味。另外，酵母自溶产生的蛋白质，在啤酒的酸性条件下，尤其在高温灭菌时极易析出形成沉淀，从而破坏了啤酒的胶体稳定性。

第二节　啤酒发酵机理

啤酒的生产是依靠纯种啤酒酵母利用麦芽汁中的糖、氨基酸等可发酵性物质通过一系列的生物化学反应，产生乙醇、二氧化碳及其他代谢副产物，从而得到具有独特风味的低度饮料酒。啤酒发酵过程中主要涉及糖类和含氮物质的转化以及啤酒风味物质的形成等有关基本理论。

一、啤酒发酵的基本理论

冷麦芽汁接种啤酒酵母后，发酵即开始进行。啤酒发酵是在啤酒酵母体内所含的一系列酶类的作用下，以麦芽汁所含的可发酵性营养物质为底物而进行的一系列生物化学反应，通过新陈代谢最终得到一定量的酵母菌体和乙醇、CO_2 以及少量的代谢副产物如高级醇、酯类、连二酮类、醛类、酸类和含硫化合物等发酵产物。这些发酵产物影响到啤酒的风味、泡沫性能、色泽、非生物稳定性等理化指标，并形成了啤酒的典型性。啤酒发酵分主发酵（旺盛发酵）和后熟两个阶段。在主发酵阶段，进行酵母的适当繁殖和大部分可发酵性糖的分解，同时形成主要的代谢产物乙醇和高级醇、醛类、双乙酰及其前驱物质等代谢副产物。后熟阶段主要进行双乙酰的还原，使酒成熟、完成残糖的继续发酵和 CO_2 的饱和，使啤酒口味清爽，并促进了啤酒的澄清。

（一）发酵主产物——乙醇的合成途径

麦芽汁中可发酵性糖主要是麦芽糖，还有少量的葡萄糖、果糖、蔗糖、麦芽三糖等。单糖可直接被酵母吸收而转化为乙醇，寡糖则需要分解为单糖后才能被发酵。由麦芽糖生物合成乙醇的生物途径如下：

总反应式

$$1/2C_{12}H_{22}O_{12} + 1/2H_2O \longrightarrow C_6H_{12}O_6 + 2ADP + 2Pi \longrightarrow 2C_2H_5OH + 2CO_2 + 2ATP + 226.09kJ$$

　　麦芽糖　　　　　　　　　葡萄糖　　　　　　　　　乙醇

理论上每 100g 葡萄糖发酵后可以生成 51.14g 乙醇和 48.86g CO_2。实际上，只有 96% 的糖发酵为乙醇和 CO_2，2.5% 生成其他代谢副产物，1.5% 用于合成菌体。

发酵过程是糖的分解代谢过程，是放能反应。每 1mol 葡萄糖发酵后释放的总能量为 226.09mol，其中有 61mol 以 ATP 的形式贮存下来，其余以热的形式释放出来，因此发酵过程中必须及时冷却，避免发酵温度过高。

葡萄糖的乙醇发酵过程共有 12 步生物化学反应，具体可分为 4 个阶段。

第一阶段：葡萄糖磷酸化生成己糖磷酸酯。

第二阶段：磷酸己糖分裂为两个磷酸丙酮。

第三阶段：3-磷酸甘油醛生成丙酮酸。

第四阶段：丙酮酸生成乙醇。

(二) 发酵过程的物质变化

1. 糖类的发酵

麦芽汁中糖类成分占 90% 左右，其中葡萄糖、果糖、蔗糖、麦芽糖、麦芽三糖和棉子糖等称为可发酵性糖，为啤酒酵母的主要碳素营养物质。麦芽汁中麦芽四糖以上的寡糖、戊糖、异麦芽糖等不能被酵母利用，称为非发酵性糖。啤酒酵母对糖的发酵顺序为：葡萄糖＞果糖＞蔗糖＞麦芽糖＞麦芽三糖。葡萄糖、果糖可以直接透过酵母细胞壁，并受到磷酸化酶作用而被磷酸化。蔗糖要被酵母产生的转化酶水解为葡萄糖和果糖后才能进入细胞内。麦芽糖和麦芽三糖要通过麦芽糖渗透酶和麦芽三糖渗透酶的作用输送到酵母体内，再经过水解才能被利用。当麦芽汁中葡萄糖质量分数在 0.2%～0.5% 时，葡萄糖就会抑制酵母分泌麦芽糖渗透酶，从而抑制麦芽糖的发酵，当葡萄糖质量分数降到 0.2% 以下时抑制才被解除，麦芽糖才开始发酵。此外，麦芽三糖渗透酶也受到麦芽糖的阻遏作用，麦芽糖质量分数在 1% 以上时，麦芽三糖也不能发酵。不同菌种分泌麦芽三糖渗透酶的能力不同，在同样麦芽汁和发酵条件下发酵度也不相同。

啤酒酵母在含一定溶解氧的冷麦芽汁中进行以下两种代谢，总反应式如下：

有氧　$C_6H_{12}O_6 + 6O_2 + 38ADP + 38Pi \longrightarrow 6H_2O + 6CO_2 + 38ATP + 281kJ$

无氧　$1/2C_{12}H_{22}O_{12} + 1/2H_2O \longrightarrow C_6H_{12}O_6 + 2ADP + 2Pi \longrightarrow 2C_2H_5OH + 2CO_2 + 2ATP + 226.09kJ$

啤酒酵母对糖的发酵都是通过 EMP 途径生成丙酮酸后，进入有氧 TCA 循环或无氧分解途径。酵母在有氧下经过 TCA 循环可以获得更多的生物能，此时无氧发酵被抑制，称为巴斯德效应。但当葡萄糖（含果糖）质量分数在 0.4%～1.0% 时，氧的存在并不能抑制发酵，而有氧呼吸却大受抑制，称反巴斯德效应。实际酵母接入麦芽汁后主要进行的是无氧酵解途径（发酵），少量为有氧呼吸代谢。

2. 含氮物质的转化

麦芽汁中的 α-氨基氮含量和氨基酸组成对酵母和啤酒发酵有重要影响，酵母的生长和繁殖需要吸收麦芽汁中的氨基酸、短肽、氨、嘌呤、嘧啶等可同化性含氮物质。啤酒酵母接入冷麦芽汁后，在有氧存在的情况下通过吸收麦芽汁中的低分子含氮物质如氨基酸、二肽、三肽等用于合成酵母细胞蛋白质、核酸等，进行细胞的繁殖。酵母对氨基酸的吸收情况与对糖的吸收相似，发酵初期只有 8 种氨基酸（天冬酰胺、丝氨酸、苏氨酸、赖氨酸、精氨酸、天冬氨酸、谷氨酸、谷氨酰胺）很快被吸收，其他氨基酸缓慢吸收或不被吸收。当上述 8 种氨基酸浓度下降 50％ 以上时，其他氨基酸才能被输送到细胞内。当合成细胞时需要 8 种氨基酸以外的氨基酸时，细胞外的氨基酸不能被输送到细胞内，这时酵母就通过生物合成所需的氨基酸。麦芽汁中含氮物质的含量及所含氨基酸的种类、比例不同对酵母的生长、繁殖和代谢副产物高级醇、双乙酰等的形成都有很大影响。一般情况下，麦芽汁中含氮物质占浸出物的 4％～6％，含氮量 800～1000mg/L，α-氨基氮含量在 150～210mg/L。

啤酒发酵过程中，含氮物质约下降 1/3 左右，主要是部分低分子氮（α-氨基氮）被酵母同化用于合成酵母细胞，另外有部分蛋白质由于 pH 值和温度的下降而沉淀，少量蛋白质被酵母细胞吸附。发酵后期，酵母细胞向发酵液分泌多余的氨基酸，使酵母衰老和死亡，死细胞中的蛋白酶被活化后，分解细胞蛋白质形成多肽，通过被适当水解的细胞壁进入发酵液，此现象称为酵母自溶，其对啤酒风味有较大影响，会造成"酵母臭"。

3. 其他变化

在发酵过程中，麦芽汁的含氧量越高，酵母的繁殖越旺盛，酵母表面以及泡盖中吸附的苦味物质就越多。有 30％～40％ 的苦味物质在发酵过程中损失。另外，啤酒的色度随着发酵液 pH 值的下降，溶于麦芽汁中的色素物质被凝固析出，单宁与蛋白质的复合物以及酒花树脂等吸附于泡盖、冷凝固物或酵母细胞表面，使啤酒的色度也有所下降。此外，啤酒酵母在整个代谢过程中，将不断产生 CO_2，一部分以吸附、溶解和化合状态存在于酒液当中，另一部分 CO_2 被回收或逸出罐外，最终成品啤酒的 CO_2 质量分数为 0.5％ 左右。从总体来看，CO_2 在酒液中的产生、饱和及逸出等变化，对提高啤酒质量是具有重要作用的。具体的情况将在后续的相关内容中再做介绍。

（三）啤酒发酵副产物的形成

啤酒发酵期间，酵母利用麦芽汁中营养物质转化为各种代谢产物。其中主要产物为乙醇和二氧化碳，此外还产生少量的代谢副产物，如连二酮类、高级醇类、酯类、有机酸类、醛类和含硫化合物等。这些代谢副产物的形成对啤酒的成熟和产品风味有很大影响，如双乙酰具有馊饭味，是造成啤酒不成熟的主要原因；高级醇含量高的啤酒饮用后容易出现"上头"，啤酒口味也变差等。

1. 连二酮类的形成与消除

双乙酰（$CH_3COCOCH_3$）与 2,3-戊二酮（$CH_3COCOCH_2CH_3$）合称为连二酮，对啤酒风味影响很大。在缩短啤酒酒龄的研究中发现，当酒中双乙酰含量 <0.1～0.15mg/L，H_2S 含量 <5μg/L，二甲硫（CH_3SCH_3）、乙醛含量 <30mg/L，高级醇 <75～90mg/L，乙偶姻 <15mg/L 时，啤酒就达到成熟。其

中双乙酰对啤酒风味影响最大，故国内把啤酒中双乙酰含量列入国家标准，把双乙酰含量的高低作为衡量啤酒是否成熟的唯一衡量指标。

双乙酰在啤酒中的味阈值（用人的感觉器官所能感受到某种物质的最低含量称为阈值）为 $0.1\sim0.2mg/L$，2,3-戊二酮的味阈值为 $1.0mg/L$。啤酒中双乙酰和 2,3-戊二酮的气味很相近，当质量分数达 $0.5mg/L$ 时有明显不愉快的馊饭味，当含量 $>0.2mg/L$ 时有似烧焦的麦芽味。淡色啤酒双乙酰含量达 $0.15mg/L$ 以上时，就有不愉快的刺激味。

(1) 双乙酰的合成途径　双乙酰（或 2,3-戊二酮）是由丙酮酸（糖代谢的中间产物）在生物合成缬氨酸（或异亮氨酸）（酵母繁殖所需氨基酸）时的中间代谢产物 α-乙酰乳酸（或 α-乙酰羟基丁酸）转化得到的，是啤酒发酵的必然产物。其中双乙酰对啤酒风味影响大，其生物合成机理为：丙酮酸与 TPP（焦磷酸硫胺素，为辅羧酶，能催化氧化脱羧反应）结合，使丙酮酸转化成活性丙酮酸，脱羧后变成活性乙醛，再与丙酮酸缩合成 α-乙酰乳酸。α-乙酰乳酸经过酵母体外非酶氧化生成双乙酰，双乙酰在酵母体内的还原酶作用下被还原为阈值很高的 2,3-丁二醇（阈值为 $100mg/L$）。

α-乙酰乳酸是酵母合成缬氨酸的中间产物，当麦芽汁中缺乏缬氨酸或缬氨酸被消耗时，将产生较多的 α-乙酰乳酸。而 α-乙酰乳酸在温度较高又有氧化剂存在的条件下极易氧化脱羧形成双乙酰。在中性（pH7.0）条件下，α-乙酰乳酸稳定不易氧化，而在 pH 过低时，α-乙酰乳酸则分解成乙偶姻。

(2) 影响双乙酰生成的因素

① 酵母菌种。不同的酵母菌种产生双乙酰的能力不同，对双乙酰的还原能力也不同。强壮酵母数量多、代谢旺盛，双乙酰的还原速度快。繁殖期的幼酵母、贮存时间过长的酵母、使用代数过多的酵母、营养不良的酵母等还原双乙酰的能力弱。死亡的酵母没有还原双乙酰的能力。

② 麦芽汁中氨基酸的种类和含量。麦芽汁中缬氨酸含量高可减少 α-乙酰乳酸的生成，减少双乙酰的形成。

③ 巴氏杀菌前啤酒中 α-乙酰乳酸含量高，遇到氧和高温将形成较多的双乙酰。

④ 生产过程染菌会导致双乙酰含量增高。如果生产污染杂菌，双乙酰含量明显增加，啤酒质量下降或造成啤酒酸败。

⑤ 酵母细胞自溶后体内的 α-乙酰乳酸进入啤酒，经氧化转化为双乙酰。

(3) 双乙酰的控制与消除方法

① 菌种。选择双乙酰产生量低的菌种；适当提高酵母接种量，双乙酰还原期酵母数不低于 7×10^6 个/100mL；使用酵母代数不要超过 5 代。

② 麦芽汁成分。在相同发酵条件下，麦芽汁中 α-氨基氮含量对下酒时双乙酰含量有明显影响。麦芽汁 α-氨基氮含量要求在 $180\sim200mg/L$（12°P 啤酒），

过高过低对于啤酒生产都不利，适当的 α-氨基氮既保证有必需的缬氨酸含量，又对啤酒风味没有不利影响。控制溶解氧含量应在 $6\sim9mg/L$，有利于控制酵母的增殖。麦芽汁含锌量一般为 $0.15\sim0.20mg/L$，锌含量增加也有利于减少啤酒双乙酰含量。

③ 酿造用水残余碱度应小于 $1.78mmol$。残余碱度高将影响麦芽汁中的 α-氨基氮含量。

④ 提高双乙酰还原温度。啤酒低温发酵可以减少发酵副产物的形成，保证啤酒口味纯正。提高双乙酰还原温度既可以加快 α-乙酰乳酸向双乙酰的转化，同时又有利于双乙酰被酵母还原。由于 α-乙酰乳酸转化为双乙酰是非酶氧化反应，反应速度缓慢，提高温度则可加快转化速度。研究发现，α-乙酰乳酸非酶氧化速度与双乙酰还原速度相差 100 倍，只有把发酵液中的 α-乙酰乳酸尽快转化为双乙酰才能降低啤酒中双乙酰的含量。

⑤ 控制酵母增殖量。α-乙酰乳酸是在酵母繁殖期间形成的，减少酵母的繁殖量才能减少 α-乙酰乳酸的形成量，从而减少啤酒中双乙酰的生成量。故适当增加酵母接种量，有利于减少双乙酰的产生。

⑥ 外加 α-乙酰乳酸脱羧酶。该酶用于啤酒发酵过程，可将双乙酰的前驱体 α-乙酰乳酸直接催化分解成 3-羟基-2-丁酮（俗称乙偶姻）。在主发酵阶段，如果麦芽汁中没有足够的游离缬氨酸，酿造酵母将启动缬氨酸合成机制。在缬氨酸合成的生化途径中，α-乙酰乳酸是其前驱物，它很容易透出细胞进入培养液中。发酵过程中，发酵液中的 α-乙酰乳酸被缓慢地氧化脱羧，产生大量双乙酰。若将 α-乙酰乳酸脱羧酶加入麦芽汁，该酶通过迅速脱羧反应（非氧化反应）将 α-乙酰乳酸转化为乙偶姻，它消除所有培养液中的 α-乙酰乳酸使其不能转化为双乙酰。这样就会减少双乙酰的生成和双乙酰还原时间，缩短啤酒发酵周期 $1\sim3$ 天。

⑦ 加强清洁卫生工作，严格杀菌，定期做好微生物检查，避免杂菌的污染。

⑧ 采用现代生物技术，利用固定化酵母柱进行后期双乙酰还原，这样既不影响啤酒传统风味，又加快了啤酒成熟，可使整个发酵周期大大缩短。

2. 高级醇的形成

高级醇（俗称杂醇油）是啤酒发酵过程中的主要产物之一，也是啤酒的主要香味和口味物质之一。适量的高级醇能使酒体丰富，口味协调，给人以醇厚的感觉，但如果含量过高，会导致饮后上头并会使啤酒有异味。因此，对于啤酒中的高级醇的含量应严格控制。

（1）啤酒中高级醇的来源　啤酒中大约 80% 的高级醇是在主发酵期间，酵母进行繁殖的过程中形成的，也就是酵母在合成细胞蛋白质时形成。

（2）啤酒中高级醇阈值及其对啤酒风味的影响　高级醇含量超过 $100mg/L$ 会使啤酒口味和喜爱程度明显变差。啤酒中的高级醇含量标准值为：下面发酵啤酒 $60\sim90mg/L$；上面发酵啤酒 $>100mg/L$。

① 正丙醇、异丁醇、戊醇等含量过高会使啤酒产生不良风味，饮后易"上头"。

② 异戊醇有甜味、香蕉芳香味和醇味。啤酒酿造工艺不同，麦芽汁组分也不同；酵母菌株不同，酿制的啤酒异戊醇含量也不同，因此不同地区生产的啤酒风格各异。但超过口味阈值，就会产生明显的杂醇油味，饮后就有头痛头昏的感觉。

③ β-苯乙醇，是一个芳香族高级醇，给人一种郁闷的玫瑰花香。苯乙醇含量高，会使啤酒产生玫瑰花香，但不高时，会同其他醇类发生加和作用，对口味的影响增强。

④ 色醇给人以微苦和轻微的苯酸味，酪醇有似苯酚的气味和强烈的胆汁苦，含量超过阈值时，会使啤酒产生不愉快的后苦味。

⑤ 适量的高级醇赋予啤酒饱满的口感，含量过高产生溶剂味且对人体健康不利。

⑥ 啤酒中高级醇和酯类有不同比例，对啤酒风味有不同的影响，在正常的情况下，酯类总量与高级醇总量相协调。若高级醇相对含量较高，则回味不协调，啤酒就有一种玫瑰芳香味；若比例过小，酯类相对比例高，啤酒易出现酯香味，也会影响啤酒的正常风味。

(3) 影响高级醇形成的因素

① 菌种的影响　不同的啤酒酵母菌种，高级醇的生成量差异很大。在同等发酵条件下，有些酵母菌株产生高级醇的含量达 200mg/L，而有的仅有 40mg/L，相差达 5 倍之多。因此酿造啤酒，选择优良酵母菌株是控制啤酒中高级醇含量最为有效的途径。一般粉末状酵母高级醇的生成量在 60～90mg/L，而絮状酵母高级醇的生成量在 50～120mg/L。

② 酵母接种量的影响　一般认为，酵母添加量小，酵母增殖后的酵母多，有利于高级醇的生成。若提高酵母添加量，降低酵母细胞倍数有利于降低高级醇的含量，但只有酵母添加量提高到一定倍数时（如 4 倍），高级醇的生成量才会显著降低。

③ 酵母增殖的影响　高级醇是酵母增殖、合成细胞蛋白质时的副产物，酵母增殖倍数越大，形成的高级醇就越多。为了使啤酒中的高级醇的含量不过高，酵母的增殖倍数以控制在 3～4 倍较好，即接种酵母在 $(1.2～1.8)×10^7$ 个。同时酵母生长代谢受到抑制时，中间代谢产物会多一些，高级醇产生量高。

④ 麦芽汁组分与浓度的影响　麦芽汁是酵母生长繁殖代谢所需的氮源和碳源，其组分的状况对高级醇的生成量影响很大。麦芽汁中的 α-氨基氮（α-N）是酵母同化的主要氮源。适量的 α-N 可促进酵母繁殖，生成适量的高级醇，α-N 含量过低时，酵母就通过糖代谢途径合成自身必需的氨基酸，合成细胞蛋白质。当缺乏合成能力时，就会由丙酮酸形成高级醇。当 α-N 含量过高时，氨基酸脱羧

会形成高级醇。同时，若麦芽汁中缺乏镁离子、泛酸等营养物质，酵母生长受到影响，高级醇的生成量也会发生变化。$11\sim12°Bx$麦芽汁α-N的含量一般控制在$160\sim180mg/L$为宜，此时既能保证酵母繁殖发酵还原双乙酰的正常进行，又能使高级醇的含量适中。

高级醇的生成量还与麦芽汁浓度有关，随着麦芽汁中可发酵性糖含量的增加，通常不应高于$16°P$，最好能控制在$10\sim12°P$。

同时，高级醇的生成量与麦芽汁的pH值也有关系，一般麦芽汁的pH值越高，越有利于高级醇的形成；反之则少。一般要求pH值在$5.2\sim5.6$。

⑤ 麦芽汁充氧量的影响　麦芽汁含氧量与酵母的增殖有密切的关系，如麦芽汁充氧不足，酵母增殖缓慢，醪液起发慢，易污染杂菌，从而影响正常的发酵。但充氧过量，酵母增殖迅猛，麦芽汁中可利用的氮会在短时间内被消耗，易造成酵母营养盐缺乏，高级醇的生成量就会增加，因此麦芽汁中的充氧量一般控制在$8\sim10mg/L$为宜。

⑥ 发酵条件的影响

a. 发酵方式的影响　发酵方式不同，高级醇的生成量也不相同，一般加压发酵可以抑制高级醇的生成，这可能是压力引起酵母代谢产物的渗透性引起的。搅拌发酵可以促进高级醇的生成，是因为啤酒中的二氧化碳溶入量增加，随着酒液中的二氧化碳浓度的提高，糖发酵及副产物的生成都受到抑制。

b. 发酵温度的影响　温度对高级醇的生成有重要的影响，同时发酵温度的改变还会影响到啤酒中高级醇的平衡，从而对啤酒风味构成影响。因为温度高则增强了酵母活性及与酒液的对流，提高了酵母与麦芽汁的接触面积与时间，在其他相同的条件下，温度越高，高级醇的生成量也越高。生产中应尽量控制发酵温度在$12°C$（主酵期）以下，以减少高级醇的生成。

c. 发酵度的影响　酵母在进行糖代谢时，会同时产生一些高级醇。发酵度高，表明发酵越旺盛，繁殖越快，对含氧物质的要求越多，代谢的糖类物质越多，产生的高级醇含量高。

⑦ 酵母自溶的影响　主发酵结束，大部分酵母沉积于锥形罐底部，如不及时排放，容易引起酵母自溶，从而导致高级醇含量升高。

⑧ 贮酒　高级醇的生成主要在主发酵期。只要贮存条件适宜，在贮酒期间其变化幅度很小。瓶装后高级醇一般也保持常数值。但对下酒糖度、贮存条件要严格加以控制。

⑨ 原料的影响　啤酒中高级醇的含量与麦芽品种、质量优劣有关。因不同地区的大麦品种，其含氮量有较大的差别，其所制成的麦芽或麦芽汁的含氮量也不同。若麦芽汁中的α-氨基氮含量过高，就会通过氨基酸的异化作用即埃尔利希机制形成高级醇；当麦芽汁中的α-氨基氮含量偏低时，麦芽汁中可同化氮消耗后，酵母则通过糖代谢合成必需的氨基酸用于细胞的蛋白质合成，当缺乏合成

能源或氨基酸不足时，会导致由酮酸形成高级醇。据报道，使用溶解过度或适度的麦芽会使啤酒有较高的异戊醇含量，而使用溶解不良的麦芽能导致产生较高含量的正丙醇。

（4）控制高级醇含量的措施

① 选用高级醇产生量低的酵母菌株，并适当提高酵母的接种量，可抑制高级醇的生成。

② 选用蛋白质溶解良好的麦芽，制定合理的糖化工艺，注意蛋白质分解的温度和时间，确保麦芽汁中 α-氨基氮含量在（180±200）mg/L 之间。

③ 调整发酵工艺，降低麦芽汁冷却温度和酵母添加温度，控制麦芽汁含氧量，使含氧量在 8～10mg/L 之间，降低主发酵前期的温度，在发酵完毕后，及时排放沉积在发酵罐底部的酵母，防止酵母自溶。

④ 严格控制糖化过程中麦芽汁 pH 值在 5.2～5.4 之间，这样可抑制高级醇的生成量，又能适应糖化过程中各种水解酶类的作用，所以在整个糖化过程中必须严格控制和调节 pH 值。

⑤ 为加快发酵速度，缩短酒龄，进行搅拌发酵使酵母与麦芽汁和氧之间充分接触，加快发酵速度则有利于高级醇的形成。所以从啤酒质量方面考虑，生产中要慎重采用。

⑥ 加压发酵，压力在 0.08～0.2MPa 发酵，抑制了酵母的繁殖，高级醇的生成量相对减少。

3. 酯类的形成

酯类在啤酒中的含量很少，但对啤酒的风味影响很大。酯类大部分是在主发酵期形成的，尤其是在酵母繁殖旺盛期生成量较大，在后熟期形成量较少。酯类是由酰基辅酶 A（RCO·SCoA）和醇类缩合而成。泛酸盐对酯的形成有促进作用。

$$R^1CO \cdot SCoA + R^2OH \longrightarrow R^1COOR^2 + CoA \cdot SH$$

辅酶 A 存在于酵母体内，酯类是脂肪酸渗入酵母细胞内形成的。酯类生成后，一部分透过细胞膜进入发酵液中，另一部分被酵母吸附而保留在细胞内，酯被酵母吸附量的多少随酯的相对分子质量增加而增加。

酯类（挥发性酯）是啤酒香味的主要来源之一，啤酒中含有适量的酯才能使啤酒香味丰满协调，传统上认为过高的酯含量是异香味，但国外一些啤酒乙酸乙酯的含量大于阈值，有淡雅的果香味，形成了独特风味。

4. 醛类

啤酒中的醛类来自麦芽汁煮沸中美拉德反应和啤酒发酵过程中醇类的前驱物质或氧化产物。常见的醛类有：甲醛、乙醛、丙醛、异丁醛、异戊醛、糠醛、反-2-壬烯醛等。对啤酒风味影响比较大的是乙醛、糠醛和反-2-壬烯醛。

乙醛主要来自丙酮酸。在丙酮酸脱羧酶作用下，丙酮酸不可逆形成乙醛和 CO_2。绝大多数乙醛在乙醇脱氢酶催化下形成乙醇。正常情况下，乙醛在啤酒中的含量只有 $3.5\sim15.5mg/L$。乙醛的阈值为 $10mg/L$，成熟啤酒乙醛含量小于 $10mg/L$，优质啤酒含量小于 $6mg/L$。当乙醛含量超过 $10mg/L$ 时啤酒有不成熟口感，呈腐败性气味和类似麦皮不愉快的苦味；乙醛含量超过 $25mg/L$ 就会有强烈的刺激性辛辣感，也有郁闷性口感。乙醛、双乙酰和 H_2S 构成嫩啤酒的生青味，酵母和麦芽汁污染杂菌（发酵单胞菌）也可增加啤酒中乙醛的含量。

5. 酸类

啤酒中的酸类约有 100 种，可分为不挥发酸、低挥发酸和挥发酸。啤酒中的酸类及其盐类决定啤酒的 pH 值和总酸含量。适量的酸赋予啤酒柔和和清爽的口感，同时为重要的缓冲物质控制啤酒的 pH 值。缺少酸类，啤酒口感呆滞、黏稠、不爽口；过量的酸会使啤酒口感粗糙、不柔和、不协调。啤酒中有机酸的种类和含量是判断啤酒发酵是否正常和是否污染产酸菌的标志。

啤酒在发酵期间可增加滴定酸 $0.9\sim1.2mL$（$1mol/L$ NaOH），发酵产酸量受到麦芽汁总酸量的负影响，麦芽汁总酸越高，发酵产酸越少。要控制啤酒总酸必须先要控制麦芽汁总酸，糖化时由于水的碱度大，为调节 pH 值常常要加大量调节酸，会造成啤酒风味单调或出现明显的酸味。GB 4927—2001 规定 $10.1\sim14.0°P$ 淡色啤酒，总酸 $\leqslant2.6mL/100mL$。对于有些啤酒总酸基本正常 [$2.2\sim2.3mL/100mL$（$1mol/L$ NaOH）]，但饮用时酸刺激强，有酸味，其原因除总酸过高外，主要是挥发酸太高造成的。啤酒挥发酸 $>100mg/L$ 就说明啤酒已经酸败。

6. 含硫化合物

啤酒中含硫化合物分挥发性和非挥发性两类，啤酒中多数挥发性含硫化合物是低阈值的强风味物质，对啤酒风味影响很大，尤其是低分子量的含硫化合物的影响更大。影响比较大的含硫化合物有二甲硫（DMS）、SO_2、H_2S 和 3-甲基-2-丁烯-1-硫醇。

DMS 为陈啤酒风味的特色组分，正常含量为 $20\sim70\mu g/L$，过量有令人不快的腐烂蔬菜（卷心菜）的味道。啤酒中游离 DMS 主要来自麦芽及发酵、贮酒时酵母的代谢，其含量多少与酵母菌种有关。

二、影响发酵的主要因素

除酵母菌种的种类、数量和生理状态外，影响酵母发酵的环境因素有麦芽汁成分、发酵温度、罐压、溶解氧含量、pH 值等。

（1）麦芽汁成分　麦芽汁组成适宜，能满足酵母生长、繁殖和发酵的需要。$12°P$ 麦芽汁中 α-氨基氮含量应为（180 ± 20）mg/L，还原糖含量 $9.5\sim10.2\sim$

11.2g/100mL，溶解氧含量 8～10mg/L，锌 0.15～0.20mg/L。

（2）发酵温度　啤酒发酵采用变温发酵，发酵温度指旺盛发酵（主发酵）阶段的最高温度。啤酒发酵一般采用低温发酵。上面啤酒发酵温度为 18～22℃，下面发酵温度为 7～15℃。采用低温发酵的原因是：低温发酵可以防止或减少细菌的污染，同时酵母增殖慢，最高酵母细胞浓度低，发酵过程中形成的双乙酰、高级醇等代谢副产物少，同化氨基酸少，pH 值下降缓慢，酒花香气和苦味物质损失少，酿制出的啤酒风味好，此外酵母自溶少，使用代数多。

（3）罐压　在一定的罐压下酵母增殖量较少，代谢副产物形成量少，主要原因是由于二氧化碳浓度的增高抑制了酵母的增殖。在提高发酵温度缩短发酵时间的同时，应相应提高罐压（加压发酵），以避免由于升温带来的代谢副产物增多的问题。罐压越高，啤酒中溶解的 CO_2 越多，发酵液温度越低，酒中 CO_2 含量越高。

（4）pH 值　酵母发酵的最适 pH 值为 5～6，过高过低都会影响啤酒发酵速度和代谢产物的种类、数量，从而影响啤酒的发酵和产品质量。

（5）代谢产物　酵母自身代谢产物乙醇的积累将逐步抑制酵母的发酵作用，一般当乙醇体积分数达到 8.5% 以上时就会抑制发酵，此外重金属离子 Cu^{2+} 等对酵母也有毒害作用。

第三节　锥形发酵罐发酵

　　啤酒发酵过程是啤酒酵母在一定的条件下，利用麦芽汁中的可发酵性物质而进行的正常生命活动，其代谢的产物就是所要的产品——啤酒。由于酵母类型的不同，发酵的条件和产品要求、风味不同，发酵的方式也不相同。根据酵母发酵类型不同可把啤酒分成上面发酵啤酒和下面发酵啤酒。一般可以把啤酒发酵技术分为传统发酵技术和现代发酵技术。现代发酵主要有圆柱露天锥形发酵罐发酵、连续发酵和高浓稀释发酵等方式，目前主要采用圆柱露天锥形发酵罐发酵。

　　传统啤酒是在正方形或长方形的发酵槽（或池）中进行的，设备体积仅 5～30m³，啤酒生产规模小，生产周期长。20 世纪 50 年代以后，由于世界经济的快速发展，啤酒生产规模大幅度提高，传统的发酵设备已满足不了生产的需要，大容量发酵设备受到重视。所谓大容量发酵罐是指发酵罐的容积与传统发酵设备相比而言。大容量发酵罐有圆柱锥形发酵罐、朝日罐、通用罐和球形罐。圆柱锥形发酵罐是目前世界通用的发酵罐，该罐主体呈圆柱形，罐顶为圆弧状，底部为圆锥形，具有相当的高度（高度大于直径），罐体设有冷却和保温装置，为全封闭发酵罐。圆柱锥形发酵罐既适用于下面发酵，也适用于上面发酵，加工十分方便。德国酿造师发明的立式圆柱锥形发酵罐由于其诸多方面的优点，经过不断改进和发展，逐步在全世界得到推广和使用。我国自20世纪70年代中期，开始采用室外圆柱体锥形底发酵罐发酵法（简称锥形罐发酵法），目前国内啤酒生产几乎全部采用此发酵法。

1. 锥形发酵罐发酵法的特点

（1）底部为锥形，便于生产过程中随时排放酵母，要求采用凝聚性酵母。

（2）罐本身具有冷却装置，便于发酵温度的控制。生产容易控制，发酵周期缩短，染菌机会少，啤酒质量稳定。

（3）罐体外设有保温装置，可将罐体置于室外，减少建筑投资，节省占地面积，便于扩建。

（4）采用密闭罐，便于CO_2洗涤和CO_2回收，发酵也可在一定压力下进行。既可做发酵罐，也可做贮酒罐，也可将发酵和贮酒合二为一，称为一罐发酵法。

（5）罐内发酵液由于液体高度而产生CO_2梯度（即形成密度梯度）。通过冷却控制，可使发酵液进行自然对流，罐体越高对流越强。由于强烈对流的存在，酵母发酵能力提高，发酵速度加快，发酵周期缩短。

（6）发酵罐可采用仪表或微机控制，操作、管理方便。

（7）锥形罐既适用于下面发酵，也适用于上面发酵。

（8）可采用CIP自动清洗装置，清洗方便。

（9）锥形罐加工方便（可在现场就地加工），实用性强。

（10）设备容量可根据生产需要灵活调整，容量可从$20\sim600m^3$不等，最高可达$1500m^3$。

2. 锥形发酵罐工作原理与罐体结构

（1）锥形发酵罐工作原理　锥形罐发酵法发酵周期短、发酵速度快的原因是由于锥形罐内发酵液的流体力学特性和现代啤酒发酵技术采用的结果。

接种酵母后，由于酵母的凝聚作用，使得罐底部酵母的细胞密度增大，导致发酵速度加快，发酵过程中产生的二氧化碳量增多，同时由于发酵液的液柱高度产生的静压作用，也使二氧化碳含量随液层变化呈梯度变化，因此罐内发酵液的密度也呈现梯度变化。此外，由于锥形罐体外设有冷却装置，可以人为控制发酵各阶段温度。在静压差、发酵液密度差、二氧化碳的释放作用以及罐上部降温产生的温差（$1\sim2℃$）这些推动力的作用下，罐内发酵液产生了强烈的自然对流，增强了酵母与发酵液的接触，促进了酵母的代谢，使啤酒发酵速度大大加快，啤酒发酵周期显著缩短。另外，由于提高了接种温度、啤酒主发酵温度、双乙酰还原温度和酵母接种量也利于加快酵母的发酵速度，从而使发酵能够快速进行。

（2）锥形发酵罐基本结构

① 罐顶部分　罐顶为一圆拱形结构，中央开孔用于放置可拆卸的大直径法兰，以安装CO_2和CIP管道及其连接件，罐顶还安装防真空阀、过压阀和压力

传感器等，罐内侧装有洗涤装置，也安装有供罐顶操作的平台和通道。

② 罐体部分　罐体为圆柱体，是罐的主体部分。发酵罐的高度取决于圆柱体的直径与高度。由于罐直径大耐压低，一般锥形罐的直径不超过 6m。罐体的加工比罐顶要容易，罐体外部用于安装冷却装置和保温层，并留一定的位置安装测温、测压元件。罐体部分的冷却层有各种各样的形式，如盘管、米勒扳、夹套式，并分成 2～3 段，用管道引出与冷却介质进管相连，冷却层外覆以聚氨酯发泡塑料等保温材料，保温层外再包一层铝合金或不锈钢板，也有使用彩色钢板作保护层。

③ 圆锥底部分　圆锥底的夹角一般为 60°～80°，也有 90°～110°，但这多用于大容量的发酵罐。发酵罐的圆锥底高度与夹角有关，夹角越小锥底部分越高。一般罐的锥底高度占总高度的 1/4 左右，不要超过 1/3。圆锥底的外壁应设冷却层，以冷却锥底沉淀的酵母。锥底还应安装进出管道、阀门、视镜、测温和测压的传感元件等。

此外，罐的直径与高度比通常为 1 : (2～4)，总高度最好不要超过 16m，以免引起强烈对流，影响酵母和凝固物的沉降。制罐材料可用不锈钢或碳钢，若使用碳钢，罐内壁必须涂以对啤酒口味没有影响的且无毒的涂料。发酵罐工作压力可根据罐的工作性质确定，一般发酵罐的工作压力控制在 0.2～0.3MPa。罐内壁必须光滑平整，不锈钢罐内壁要进行抛光处理，碳钢罐内壁涂料要均匀，无凹凸面，无颗粒状凸起。

(3) 锥形发酵罐主要尺寸的确定

① 径高比　锥形罐呈圆柱锥底形，圆筒体的直径与高度之比为 1 : (1～4)。一般径高比越大，发酵时自然对流越强烈，酵母发酵速度快，但酵母不容易沉降，啤酒澄清困难。一般直径与麦芽汁液位总高度之比应为 1 : 2，直径与柱形部分麦芽汁高度之比应为 1 : (1～1.5)。

② 罐容量　罐容量越大，麦芽汁满罐时间越长，发酵增殖次数多、时间长，会造成双乙酰前驱物质形成量增大，双乙酰产生量大、还原时间长。此外，还会造成出酒、清洗、重新进麦芽汁等非生产时间延长，且用冷高峰期峰值高，造成供冷紧张。由于二氧化碳的释放和泡沫的产生，罐有效容积一般为罐总量的 80% 左右。

③ 锥角　一般在 60°～90° 之间，常用 60°～75°（不锈钢罐常用锥角 60°，内有涂料的钢罐锥角为 75°），以利于酵母的沉降与分离。

④ 冷却夹套和冷却面积　锥形发酵罐冷却常采用间接冷却。国内一般采用半圆管、槽钢、弧形管夹套，或米勒板夹套在低温低压（-3℃、0.03MPa）下用液态二次冷溶剂冷却，国外多采用换热片式（爆炸成型）一次性冷溶剂直接蒸发式冷却。一次性冷溶剂（如液氨蒸发温度为 -4～-3℃）蒸发后的压力为 1.0～1.2MPa，对夹套耐压性要求较高。由于啤酒冰点温度一般为 -2.7～

－2.0℃，为防止啤酒在罐内局部结冰，冷溶剂温度应在－3℃左右。国内常采用20%～30%的酒精水溶液，或20%丙二醇水溶液作为冷溶剂。

根据罐的容量不同，冷却可采用二段式或三段式。冷却面积根据罐体的材料而定，不锈钢材料一般为 $0.35\sim0.4m^2/m^3$ 发酵液，碳钢罐为 $0.5\sim0.62m^2/m^3$ 发酵液。锥底冷却面积不宜过大，防止贮酒期啤酒的结冰。

⑤ 隔热层和防护层　绝热层材料要求热导率小、体积质量低、吸水少、不易燃等特性。常用绝热材料有聚酰胺树脂、自熄式聚苯乙烯塑料、聚氨基甲酸乙酯、膨胀珍珠岩粉和矿渣棉等。绝热层厚度一般为 $150\sim200mm$。外保护层一般采用 $0.7\sim1.5mm$ 厚的铝合金板、马口铁板或 $0.5\sim0.7mm$ 的不锈钢板，近来瓦楞型板比较受欢迎。

⑥ 罐体的耐压　发酵产生一定的二氧化碳形成罐顶压力（罐压），应设有二氧化碳调节阀，罐顶设有安全阀。当二氧化碳排出、下酒速度过快、发酵罐洗涤时二氧化碳溶解等都会造成罐内出现负压，因此必须安装真空阀。下酒前要用二氧化碳或压缩空气背压，避免罐内负压的产生，造成发酵罐"瘪罐"。

3. 锥形发酵罐发酵工艺

（1）锥形发酵罐发酵的组合形式　锥形发酵罐发酵生产工艺组合形式有以下几种。

① 发酵-贮酒式　此种方式，两个罐要求不一样，耐压也不同，对于现代酿造来说，此方式意义不大。

② 发酵-后处理式　即一个罐进行发酵，另一个罐为后熟处理。对发酵罐而言，将可发酵性成分一次完成，基本不保留可发酵性成分，发酵产生的 CO_2 全部回收并贮存备用，然后转入后处理罐进行后熟处理。其过程为将发酵结束的发酵液经离心分离，去除酵母和冷凝固物，再经薄板换热器冷却到贮酒温度，进行 $1\sim2$ 天的低温贮存后开始过滤。

③ 发酵-后调整式　即前一个发酵罐类似一罐法进行发酵、贮酒，完成可发酵性成分的发酵，回收 CO_2、回收酵母，进行 CO_2 洗涤，经适当的低温贮存后，在后调整罐内对色泽、稳定性、CO_2 含量等指标进行调整，再经适当稳定后即可开始过滤操作。

（2）发酵主要工艺参数的确定

① 发酵周期　由产品类型、质量要求、酵母性能、接种量、发酵温度、季节等确定，一般 $12\sim24$ 天。通常，夏季普通啤酒发酵周期较短，优质啤酒发酵周期较长，淡季发酵周期适当延长。

② 酵母接种量　一般根据酵母性能、代数、衰老情况、产品类型等决定。接种量大小由添加酵母后的酵母数确定。发酵开始时：$(10\sim20)\times10^6$ 个/mL；发酵旺盛时：$(6\sim7)\times10^7$ 个/mL；排酵母后：$(6\sim8)\times10^6$ 个/mL；0℃左右贮

酒时：$(1.5 \sim 3.5) \times 10^6$ 个/mL。

③ 发酵最高温度和双乙酰还原温度　啤酒旺盛发酵时的温度称为发酵最高温度，一般啤酒发酵可分为三种类型：低温发酵、中温发酵和高温发酵。低温发酵：旺盛发酵温度 8℃ 左右；中温发酵：旺盛发酵温度 10~12℃；高温发酵：旺盛发酵温度 15~18℃。国内一般发酵温度为 9~12℃。双乙酰还原温度是指旺盛发酵结束后啤酒后熟阶段（主要是消除双乙酰）时的温度，一般双乙酰还原温度等于或高于发酵温度，这样既能保证啤酒质量又利于缩短发酵周期。发酵温度提高，发酵周期缩短，但代谢副产物量增加将影响啤酒风味且容易染菌；双乙酰还原温度增加，啤酒后熟时间缩短，但容易染菌又不利于酵母沉淀和啤酒澄清。温度低，发酵周期延长。

④ 罐压　根据产品类型、麦芽汁浓度、发酵温度和酵母菌种等的不同确定。一般发酵时最高罐压控制在 0.07~0.08MPa。一般最高罐压为发酵最高温度值除以 100（单位 MPa）。采用带压发酵，可以抑制酵母的增殖，减少由于升温所造成的代谢副产物过多的现象，防止产生过量的高级醇、酯类，同时有利于双乙酰的还原，并可以保证酒中二氧化碳的含量。啤酒中 CO_2 含量和罐压、温度的关系为：

$$CO_2 含量（\%,质量分数）= 0.298 + 0.04p - 0.008t$$

式中　p——罐压（压力表读数），MPa；

　　　t——啤酒品温，℃。

⑤ 满罐时间　从第一批麦芽汁进罐到最后一批麦芽汁进罐所需时间称为满罐时间。满罐时间长，酵母增殖量大，产生代谢副产物 α-乙酰乳酸多，双乙酰峰值高，一般在 12~24h，最好在 20h 以内。

⑥ 发酵度　可分为低发酵度、中发酵度、高发酵度和超高发酵度。对于淡色啤酒发酵度的划分为：低发酵度啤酒，其真正发酵度 48%~56%；中发酵度啤酒，其真正发酵度 59%~63%；高发酵度啤酒，其真正发酵度 65% 以上；超高发酵度啤酒（干啤酒），其真正发酵度在 75% 以上。目前国内比较流行发酵度较高的淡爽型啤酒。

(3) 锥形发酵罐工艺要求

① 应有效地控制原料质量和糖化效果，每批次麦芽汁组成应均匀，如果各批麦芽汁组成相差太大，将会影响到酵母的繁殖与发酵。如 10°P 麦芽汁成分要求为：浓度（质量分数）10%±0.2%，色度 5.0~8.0 EBC 单位，pH5.4±0.2，α-氨基氮 140~180mg/L。

② 大罐的容量应与每次糖化的冷麦芽汁量以及每天的糖化次数相适应，要求在 16h 内装满一罐，最多不能超过 24h。进罐冷麦芽汁对热凝固物要尽量去除，如能尽量分离冷凝固物则更好。

③ 冷麦芽汁的温度控制要考虑每次麦芽汁进罐的时间间隔和满罐的次数，

如果间隔时间长、次数多，可以考虑逐批提高麦芽汁的温度，也可以考虑前一、二批不加酵母，之后的几批将全量酵母按一定比例加入，添加比例由小到大，但应注意避免麦芽汁染菌。也有采用前几批麦芽汁添加酵母，最后一批麦芽汁不加酵母的办法。

④ 冷麦芽汁溶解氧的控制可以根据酵母添加量和酵母繁殖情况而定，一般要求每批冷麦芽汁应按要求充氧，混合冷麦芽汁溶解氧不低于 8mg/L。

⑤ 控制发酵温度应保持相对稳定，避免忽高忽低。温度控制以采用自动控制为好。

⑥ 应尽量进行二氧化碳回收，以便于进行二氧化碳洗涤、补充酒中二氧化碳和以二氧化碳背压等。

⑦ 发酵罐最好采用不锈钢材料制作，以便于清洗和杀菌，当使用碳钢制作发酵罐时，应保持涂料层的均匀与牢固，不能出现表面凹凸不平的现象，使用过程中涂料不能脱落。发酵罐要装有高压喷洗装置，喷洗压力应控制在 $0.39\sim$ 0.49MPa 或更高。

（4）操作步骤（一罐法发酵）

① 接种　选择已培养好的 0 代酵母或生产中发酵降糖正常、双乙酰还原快、微生物指标合格的发酵罐酵母作为种子，后者可采用罐-罐的方式进行串种。接种量以满罐后酵母数在 $(1.2\sim1.5)\times10^7$ 个/mL 为准。

② 满罐时间　正常情况下，要求满罐时间不超过 24h，扩培时可根据启发情况而定。满罐后每隔 1 天排放一次冷凝固物，共排 3 次。

③ 主发酵　温度10℃，普通酒（10±0.5）℃，优质酒（9±0.5）℃，旺季可以升高 0.5℃。当外观糖度降至 3.8%～4.2% 时可封罐升压。发酵罐压力控制在 0.10～0.15MPa。

④ 双乙酰还原　主发酵结束后，关闭冷溶剂升温至 12℃ 进行双乙酰还原。双乙酰含量降至 0.10mg/L 以下时，开始降温。

⑤ 降温　双乙酰还原结束后降温，24h 内使温度由 12℃ 降至 5℃，停留 1 天进行酵母回收。亦可在 12℃ 发酵过程中回收酵母，以保证更多的高活性酵母。旺季或酵母不够用时可在主发酵结束后直接回收酵母。

⑥ 贮酒　回收酵母后，锥形罐继续降温，24h 内使温度降至 −1～−1.5℃，并在此温度下贮酒。贮酒时间：淡季 7 天以上，旺季 3 天以上。

4. 酵母的回收

锥形罐发酵法酵母的回收方法不同于传统发酵，主要区别有：回收时间不定，可以在啤酒降温到 6～7℃ 以后随时排放酵母，而传统发酵只能在发酵结束后才能进行；回收的温度不固定，可以在 6～7℃ 下进行，也可以在 3～4℃ 或 0～1℃ 进行；回收的次数不固定，锥形罐回收酵母可分几次进行，主要是根据实际需要多次进行回收；回收的方式不同，一般采用酵母回收泵和计量装置、加压与充氧装置，同时配备酵母罐且体积较大，可容纳几个罐回收的酵母（相同或相近代数）；贮存方式不同，锥形罐一般不进行酵母洗涤，贮存温度可以调节，贮存条件较好。

一般情况下，发酵结束温度降到 $6\sim7℃$ 时应及时回收酵母。若酵母回收不及时，锥底的酵母将很快出现"自溶"。回收酵母前锥底阀门要用 75%（体积分数）的酒精溶液棉球灭菌，回收或添加酵母的管路要定期用 85℃ 的 NaOH（俗称火碱）溶液洗涤 20min；管路每次使用前先通 85℃ 的热水 30min、0.25% 的消毒液（H_2O_2 等）10min；管路使用后，先用清水冲洗 5min，再用 85℃ 热水灭菌 20min。

酵母使用代数越多，厌氧菌的污染一般都会增加，酵母使用代数最好不要超过 4 代。对厌氧菌污染的酵母不要回收，最好做灭菌处理后再排放。

回收酵母时注意：要缓慢回收，防止酵母在压力突然降低造成酵母细胞破裂，最好适当备压；要除去上、下层酵母，回收中层强壮酵母；酵母回收后贮存温度 $2\sim4℃$，贮存时间不要超过 3 天。

酵母泥回收后，要及时添加 $2\sim3$ 倍的 $0.5\sim2.0℃$ 的无菌水稀释，经 $80\sim100$ 目的酵母筛过滤除去杂质，每天洗涤 $2\sim2.5$ 次。

若回收酵母泥污染杂菌可以进行酸洗：食用级磷酸，用无菌水稀释至 5%（质量分数），加入回收的酵母泥中，调制 pH2.2～2.5，搅拌均匀后静置 3h 以上，倾去上层酸水即可投入使用。经过酸洗后，可以杀灭 99% 以上的细菌。

酵母使用代数：有人研究发现，在同样的条件下，2 代酵母的发酵周期较长，但降糖、还原双乙酰的能力较好；3 代酵母在发酵周期、降糖、还原双乙酰能力等方面最好，酵母活性最强；4 代酵母以后，发酵周期逐渐延长，酵母的降糖能力和双乙酰还原能力也逐渐下降，产品质量将变差。

如果麦芽汁的营养丰富（α-氨基氮含量高，大于 180mg/L），回收酵母的活性高；而麦芽汁营养缺乏时，回收的酵母活性很差，对下一轮发酵和啤酒质量有明显影响。

回收酵母泥时用 0.01% 的美蓝染色测定酵母死亡率，若死亡率超过 10% 就不能再使用，一般回收酵母死亡率应在 5% 以下。

5. 二氧化碳的回收

二氧化碳是啤酒生产的重要副产物，根据理论计算，每 1kg 麦芽糖发酵后可以产生 0.514kg 二氧化碳，每 1kg 葡萄糖可以产生 0.489kg 二氧化碳，实际发酵时前 $1\sim2$ 天的二氧化碳不纯，不能回收，二氧化碳的实际回收率仅为理论值的 45%～70%。经验数据为，啤酒生产过程中每百升麦芽汁实际可以回收二氧化碳 $2\sim2.2$kg。

二氧化碳回收和使用工艺流程为：二氧化碳收集→洗涤→压缩→干燥→净化→液化和贮存→气化→使用。

① 收集二氧化碳 发酵 1 天后，检查排出二氧化碳的纯度为 $99\%\sim99.5\%$，二氧化碳的压力为 $100\sim150kPa$，经过泡沫捕集器和水洗塔除去泡沫和微量酒精及发酵副产物，不断送入橡皮气囊，使二氧化碳回收设备连续均衡运转。

② 洗涤 二氧化碳进入水洗塔逆流而上，水则由上喷淋而下。有些还配备高锰酸钾洗涤器，能除去气体中的有机杂质。

③ 压缩 水洗后的二氧化碳气体被无油润滑二氧化碳压缩机 2 级压缩。第 1 级压缩到 0.3MPa（表压），冷凝到 $45^\circ C$；第 2 级压缩到 $1.5\sim1.8MPa$（表压），冷凝到 $45^\circ C$。

④ 干燥 经过 2 级压缩后的二氧化碳气体（约 1.8MPa），进入 1 台干燥器，器内装有硅胶或分子筛，可以去除二氧化碳中的水蒸气，防止结冰。也有把干燥放在净化操作后。

⑤ 净化 经过干燥的二氧化碳，再经过 1 台活性炭过滤器净化。器内装有活性炭，清除二氧化碳气体中的微细杂质和异味。要求 2 台并联，其中 1 台再生备用，内有电热装置，有的用蒸汽再生，要求应在 37h 内再生 1 次。

⑥ 液化和贮存 二氧化碳气体被干燥和净化后，通过列管式二氧化碳净化器。列管内流动的二氧化碳气体冷凝到 $-15^\circ C$ 以下时，转变成 $-27^\circ C$、1.5MPa 的液体二氧化碳，进入贮罐，列管外流动的冷溶剂 R22 蒸发后吸入制冷机。

⑦ 气化 液态二氧化碳的贮罐压力为 1.45MPa（1.4～1.5MPa 之间），通过蒸汽加热蒸发装置，使液体二氧化碳转变为气体二氧化碳，输送到各个用气点。

回收的二氧化碳纯度要大于 99.8%（体积分数），其中水的最高含量为 0.05%，油的最高含量为 5mg/L，硫的最高含量为 0.5mg/L，残余气体的最高含量为 0.2%，二氧化碳不能出现不愉快的味道和气味。

6. 锥形发酵罐的清洗与消毒

在啤酒生产中，卫生管理至关重要。生产环节中清洗和消毒杀菌不严格所带来的直接后果是：轻度污染使啤酒口感差，保鲜期短，质量低劣；严重污染可使啤酒酸败和报废。

（1）发酵大罐的微生物控制 啤酒发酵是纯粹啤酒酵母发酵，发酵过程中的有害微生物的污染是通过麦芽汁冷却操作、输送管道、阀门、接种酵母、发酵空罐等途径传播的，而发酵空罐则是最大的污染源。因此，必须对啤酒发酵罐进行洗涤及消毒杀菌。

（2）杀菌剂的选择 设备、方法、杀菌剂对大罐洗涤质量起着决定作用，而选择经济、高效、安全的消毒杀菌剂则是关键。我国大多数啤酒厂所采用的杀菌剂大致有二氧化氯、双氧水、过氧乙酸、甲醛等，使用效果最好的是二氧化氯。

（3）洗涤方法的选择

① 清水-碱水-清水 这种方法是比较原始的洗涤方法，目前在中小型啤酒厂

中使用较多，虽然洗涤成本低，但不能充分杀死所有微生物，而且会对啤酒口感带来影响。也有采用定期用甲醛洗涤杀菌，但并不安全。

② 清水-碱水-清水-杀菌剂（二氧化氯、过氧乙酸、双氧水）　一般认为上述三种消毒剂最终分解产物无毒副作用，洗涤后不必冲洗。采用此种方法的厂家较多，其啤酒质量特别是口感、保鲜期会比第一种方法提高一个档次。

③ 清水-碱水-清水-消毒剂-无菌水　有的厂家认为这种方法对微生物控制比较安全，又可避免万一消毒剂残留而带来的副作用，但如果无菌水细菌控制不合格也会带来大罐重复污染。

④ 清水-稀酸-清水-碱水-清水-杀菌剂-无菌水　此种方法被认为是比较理想的洗涤方法。通过对长期使用的大罐内壁的检查，可发现黏附有由草酸钙、磷酸钙和有机物组成的啤酒石，先用稀酸（磷酸、硝酸、硫酸）除去啤酒石，再进行洗涤和消毒杀菌，这样会对啤酒质量有利。

(4) 其他因素对大罐洗涤的影响

① CIP 系统的设计：特别是管道角度、洗涤罐的容量及分布、洗涤水的回收方法等，都会对洗涤杀菌产生影响。有些采用带压回收洗涤水，压力过高会使洗涤水喷射产生阻力而影响洗涤效果。

② 洗涤器：当前生产的洗涤器种类很多，应选择喷射角度完全、不容易堵塞的万向洗涤器。定期拆开大罐顶盖对洗涤器进行检查，以免洗涤器因异物而堵塞。

③ 洗涤泵及压力：如果泵的压力过小，洗涤液喷射无力，也会在大罐内壁留下死角，洗涤的压力一般应控制在 0.25～0.4MPa。

④ 大罐内壁：有的大罐内壁采用环氧树脂或 T541 涂料防腐，使用一段时间后会起泡或脱落，如果不及时检查维修，就会在这些死角藏有细菌而污染啤酒。

⑤ 洗涤时间：只要方法正确，设备正常，一般清水冲洗每次 15～20min，碱洗时间 20min，杀菌时间 20～30min，总时间控制在 90～100min 是比较理想的。

⑥ 微检取样方法：大罐洗涤完毕后放净水，关闭底阀几分钟，然后再打开，用无菌试管或无菌三角瓶，在火焰上取样做无菌平皿培养 24h 或厌氧菌培养 7天。取样方法不正确或者培养不严格也会使微生物测定不准确。

第五章　啤酒过滤

第一节　概　述

　　啤酒过滤即把酒内悬浮的轻微小粒子，如蛋白质复合物、冷浑浊物、酵母及其他的固体排掉以澄清成熟的啤酒。啤酒过滤是一种物理分离过程，是啤酒生产过程中重要的生产工序之一，是控制啤酒清亮度的关键点之一。过滤后啤酒不仅清亮透明，富有光泽，色度降低，使其更富有吸引力，同时可赋予啤酒以良好的生物稳定性与非生物稳定性，使其至少在保质期内不出现外观的变化，从而保证了啤酒外观质量的完美。

　　为保证过滤后的啤酒在最低保存期限内不出现外观变化，同时使泡沫等损失最小，使啤酒的特性更加完美体现，必须严格控制过滤操作的关键点。现在关于过滤控制不单是一个控制浊度和清酒浓度的问题，而是要从过滤到灌装的各个细节入手，严格控制氧的摄入。在总氧控制中，清酒溶解氧的控制是基础和关键环节。

第二节　啤酒过滤原理

　　啤酒过滤澄清原理主要是通过过滤介质的阻挡作用（或截留作用）、深度效应（介质空隙网罗作用）和静电吸附作用等使啤酒中存在的微生物、冷凝固物等大颗粒固形物被分离出来，而使啤酒澄清透亮。常用过滤介质有硅藻土、滤纸板、微孔薄膜和陶瓷芯等。

　　啤酒中悬浮的固体微粒被分离的原理如下。

　　1. 阻挡作用（或截留作用）

　　啤酒中比过滤介质空隙大的颗粒，不能通过过滤介质空隙而被截留下来，对于硬性颗粒将附着在过滤介质表面形成粗滤层，而软质颗粒会黏附在过滤介质空隙中甚至使空隙堵塞，降低过滤效能，增大过滤压差。

2. 深度效应（介质空隙网罗作用）

过滤介质中长且曲折的微孔通道对悬浮颗粒产生一种阻挡作用，对于比过滤介质空隙小的微粒，由于过滤介质微孔结构的作用而被截留在介质微孔中。

3. 静电吸附作用

有些比过滤介质空隙小的颗粒以及具有较高表面活性的高分子物质如蛋白质、酒花树脂、色素等，因为自身所带电荷与过滤介质不同，则会通过静电吸附作用而截留在过滤介质中。

第三节　啤酒过滤方法

啤酒的过滤方法可分为过滤法和离心分离法。过滤法包括棉饼过滤法、硅藻土过滤法（具体可分为板框式硅藻土过滤法、水平叶片式和垂直叶片式硅藻土过滤法、烛式或环式硅藻土过滤法）、板式过滤法（精滤机法）和膜过滤法（微孔薄膜过滤法等错流过滤法）。其中最常用的是硅藻土过滤法。

1. 常用啤酒过滤的组合形式

（1）常规式　由硅藻土过滤机和精滤机（板式过滤机）组成，是啤酒生产中最常用的过滤组合方式。有些企业在生产旺季，仅采用硅藻土过滤机进行一次过滤，难以保证过滤效果。

（2）复合式　由啤酒离心澄清机、硅藻土过滤机和精滤机组成，有的还在硅藻土过滤机与精滤机之间或在清酒罐与灌装机之间加一个袋式过滤机（防止硅藻土或短纤维进入啤酒）。

（3）无菌过滤式　由啤酒离心澄清机、硅藻土过滤机、带式过滤机、精滤机和微孔膜过滤机组成。主要用于生产纯生啤酒、罐装或桶装生啤酒，以及瓶装生啤酒。

2. 深层过滤

是指对啤酒的过滤按不同颗粒直径的大小采取孔隙由大到小的过滤机逐步进行，避免小颗粒物堵塞过滤通道而造成大颗粒物过滤量的减少，同时也能提高过滤效果。除了要配备啤酒离心分离机、硅藻土过滤机外，还要采用多个孔径由大到小的过滤单元组合在一起，孔径在 $0.5 \sim 3\mu m$。通过深层过滤，啤酒的清亮程度得到不断提高，同时产品的浊度水平可按不同的要求确定，甚至可以满足无菌过滤的要求。深层过滤是啤酒过滤的发展方向之一。

3. 啤酒过滤后的变化

啤酒经过过滤介质的截留、深度效应和吸附等作用，使啤酒在过滤时发生有规律的变化：稍清亮→清亮→很清亮→清亮→稍清亮→失光或阻塞。啤酒的有效过滤量是指在保证啤酒达到一定清亮程度（用浊度单位表示）的条件下，单位过滤介质可过滤的啤酒数量。啤酒经过过滤会发生以下变化。

（1）色度降低　一般降低 0.5～1.0EBC 单位，降低原因为酒中的一部分色素、多酚类物质等被过滤介质吸附而使色度下降。

（2）苦味质减少　苦味物质减少 0.5～1.5BU，造成的原因是由于过滤介质苦味物质的吸附作用。

（3）蛋白质含量下降　用硅藻土过滤后的啤酒蛋白质含量下降 4% 左右，此外添加硅胶也会吸附部分高分子含氮物质。

（4）二氧化碳含量下降　过滤后 CO_2 含量降低 0.02%，主要是由于压力、温度的改变和管路、过滤介质的阻力作用造成的。

（5）含氧量增加和浓度变化　酒的泵送、走水或用压缩空气作清酒罐背压会增加啤酒中氧的含量。同时由于走水、顶水以及并酒过滤等会造成啤酒浓度改变。

第四节　啤酒离心分离

一、离心分离的原理

在离心分离机高速旋转的容器内，利用离心力将固体粒子从液体中分离出来。可以说，离心分离实质上是变革的沉降方法。

通常，自然沉降的速度可用下式表示：

$$\nu_s = \frac{d^2 \cdot \Delta\rho \cdot W}{18\eta} \tag{5-1}$$

式中　ν_s——自然沉降速度，m/s；

W——重力，N；

d——固体粒子直径，m；

η——黏度，Pa·s；

$\Delta\rho$——固液相对密度差。

离心机的沉降速度用下式表示：

$$\nu_c = \frac{d^2 \cdot \Delta\rho \cdot r \cdot \omega^2}{18\eta} \tag{5-2}$$

式中　ν_c——离心分离速度，m/s；

r——离心机半径，m；

ω——角速度，s^{-1}。

从式（5-1）与式（5-2）比较，如果采用离心机代替自然沉降，则式（5-1）中的 W 将被式（5-2）中的 $r \cdot \omega^2$ 所取代。两者的比值（$r \cdot \omega^2 / W$）为 4000～6000，不难看出，采用离心机分离固液相的速度远远高于自然沉降的分离速度。

二、啤酒离心机及其分离过程

啤酒离心机多采用锥形盘式自开式离心分离机（图 5-1），转速 7000r/min 左右。该机的主要部件是机内有许多层用不锈钢制的锥形盘，盘的间距约为 0.5mm，根据被分离物料中的固体粒子含量和颗粒大小不同，间距可以增减。每一间距形成各自的离心空间，其分离过程如下：利用泵压（0.3MPa 左右）将啤酒从机身顶管送入转鼓，通过锥形盘表面将液体分割成许多细小支流，利用较大的离心力，在锥形盘间隙之间向上流去，直到中心顶部出口。固体粒子沿锥形盘边缘向下移动到转鼓壁部的泥浆集结室，这时啤酒已呈现澄清。待沉渣达一定量时，进料口自动封闭，转鼓自动开启，排出沉渣。为了减少啤酒损失，应在沉渣较干的情况下进行排渣。如果二次排渣时间相隔过长，转鼓内的沉渣就会上升溢出，已离心分离的啤酒内的酵母数就会急剧上升。反之，排渣时间相隔太短，沉渣内的啤酒含量就会增加，使啤酒损失增高。排渣时间可采用浊度计，监视啤酒的浊度进行控制，在调定的控制点开始排放沉渣。

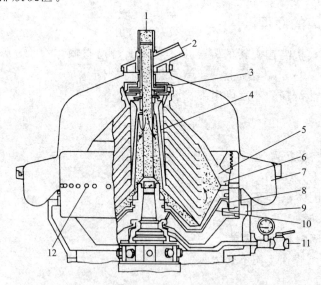

图 5-1 锥形盘式自开式离心分离机

1—成熟啤酒；2—滤清啤酒；3—瓣式离心泵；4—分配器；5—沉淀部位处凝集的固体物；
6—离心转筒密闭圈；7—沉渣收集器；8—滑动活塞片；9—运转时放水喷嘴；
10—运转时用水室；11—运转水进口；12—固体物排出口

三、使用啤酒离心机应注意的问题

（1）离心机在安装时，应为1台1个基础，以免发生在工作时的共震现象。

（2）在启动开始时，应先走水，保持转鼓贮满水，待达到全速时，开始进料，并把水关闭。

（3）运转过程中，全系统应密闭，啤酒出口施反压，以保证二氧化碳不致损失。

（4）澄清良好的啤酒可以快速离心。接近贮酒罐底较浑浊的酒，则应减低分离速度，以保证啤酒的澄清度。

四、离心机的优缺点

1. 优点

（1）离心分离机转鼓体积小，啤酒损失减少。

（2）无酒、水混合的问题。

（3）不易污染。

（4）劳动力省，管理方便。

2. 缺点

（1）价格高。

（2）操作时，由于转鼓和空气摩擦生热，酒温稍许升高（0.5～3.0℃），会使已析出的部分啤酒浑浊物质再度溶解，降低了啤酒的非生物稳定性。如果离心机的转动部分能抽真空则可以减少空气摩擦的升温现象。

（3）有吸入空气的危险性，采用密闭式离心分离机可以减少这种可能性。

第五节　啤酒无菌过滤

一、概述

在啤酒生产过程中，啤酒的最后一道过滤非常重要。它关系着啤酒的生物稳定性、非生物稳定性以及外观和口感等。传统制取高度生物稳定性的啤酒都是采取巴氏杀菌的办法，但经过巴氏杀菌，啤酒将丧失其新鲜的口感。因此，消费者更倾向于饮用口感新鲜又澄清透明的冷过滤纯生啤酒，这种倾向将会愈来愈明显。

过去制作生啤酒多采用硅藻土粗滤和纸板精滤相结合的办法，但仍难达到较长时间的生物稳定性。硅藻土过滤和纸板过滤都是利用其深层过滤效应、吸附作用以及其较小的渗透空间。硅藻土过滤的渗透空间较纸板过滤大，适合作粗滤，滤除绝大部分较大的固体粒子（包括酵母菌）。在此前提下，纸板过滤则利用其较小的渗透空间，可以滤除绝大部分微细粒子（包括残余的酵母菌和一些污染微生物），使啤酒的生物稳定性相应提高。纸板虽有各种孔径规格，但纸板过滤非绝对级过滤（absolute rated filtration），在其吸附能力达到饱和或受压力冲击时，仍避免不了有少许微粒渗透过去，难达无菌状态。

20世纪60年代后，国际上常采用以醋酸纤维（cellulose acetate）薄膜过滤的办法，作为最后一道过滤，滤除这些微粒。但其生产能力受到限制，价格昂贵，应用不普遍。

20世纪80年代后，欧美国家开始以尼龙66（Nylon 66）制作的薄膜滤芯，用以截留精滤后的微粒子。对啤酒来说，通过选择绝对过滤值为$0.45\mu m$孔径的薄膜，可以滤除酵母菌和污染微生物，基本上达到无菌状态，同时不影响啤酒风味，但过滤费用是比较高的。

20世纪80年代后期，已有多种滤材制作的多种形式和多种功能的薄膜滤芯（membrane cartridge）和深层滤芯（deep cartridge）问世，加上在线薄膜完整性检测手段，使无菌过滤（sterile filtration）变为现实。

二、滤芯的分类

滤芯（cartridge）有薄膜滤芯和深层滤芯。

1. 薄膜滤芯

（1）性能　薄膜过滤是两相空间操作，过滤只穿过一个膜平面，直径比膜孔径大的微粒。此类滤材的孔径自上而下都是均一的，就能像筛子一样筛除。其滤除效率可以达到接近绝对级过滤（＞99.99％）。某些滤材经过特殊处理，还可制成带正电的滤膜，增强了对污染微生物的吸附作用，过滤效率更趋完善。

薄膜过滤在过滤初期，压差较低，而后孔径受阻，压差上升很快，流速降低。此类滤芯适合作无菌过滤的最后一道过滤用。

$1.2\mu m$孔径的薄膜能滤除酵母菌，而很多细菌则需孔径$0.8\mu m$、$0.6\mu m$的薄膜，甚至更小一些孔径的薄膜将它滤除。采用$0.8\mu m$薄膜过滤啤酒，虽具有很好的生物稳定性，但达不到无菌程度。

（2）材质　应用于薄膜滤芯的材质很多，有亲水性的尼龙66（Nylon 66）薄膜、疏水性的聚四氟乙烯薄膜、纯聚丙烯薄膜、亲水性的聚偏二氟乙烯薄膜、纤维质薄膜、陶瓷薄膜（硅酸铝）以及玻璃纤维薄膜等，可制成各型孔径规格，供不同工业的不同用途选用。具体用于啤酒工业的多为尼龙66、聚偏二氟乙烯、陶瓷、聚丙烯和纤维质薄膜。

2. 深层滤芯

（1）性能　所谓深层滤芯是指杂质颗粒不仅仅受阻于滤材表面，且被捕捉于滤材的深层之中。因此，其杂质捕捉量远大于薄膜滤芯，其寿命也较薄膜滤芯为长。深层滤芯过滤时压差上升较慢，流速也可维持较长时间不变，因此适用于无菌过滤中的预过滤（精滤）。

（2）材质 制作深层滤芯多用纤维质滤材，由木质纤维、硅藻土（或珍珠岩）以蜜胺树脂固着成型，经特殊处理也可使之带正电，便于捕捉污染微生物和胶体物质等。此类滤芯根据选用纤维之粗细和成型时间之长短，可以制成孔径从 $0.1\mu m$ 至 $10\mu m$ 的多种规格系列供使用。深层滤芯具备机械过滤和静电吸附双重作用，其吸附效率根据滤液的流速、pH 值、浓度、杂质大小和负荷量而变化，应根据使用条件及灭菌操作的要求选择使用，既可作粗滤，又可作精滤用。

三、用于无菌过滤滤芯应具备的条件

（1）具有接近于绝对除菌效果的薄膜滤芯。

（2）无影响产品风味的释出物。

（3）耐受 121℃重复蒸汽杀菌和 85℃热水杀菌。

（4）滤芯的组成成分需完全符合 FDA 的卫生标准。

（5）能够逆流再生，重复使用。

（6）相对而言，流量大，压差小。

（7）薄膜滤芯可以做完整性测试（interity test），检查滤膜是否完整无破漏。

四、滤芯的安装

各种滤芯均安装于规格与之相适应的立式密封滤筒内。此项滤筒系由不锈钢制作，筒的内外均经处理，包括电子抛光，达到卫生级设计，无死角，保证滤液流通顺畅；密封严密，耐背压，能承受过滤的流速和压降；耐蒸汽和热水杀菌；容易装卸；根据啤酒产量决定滤芯安装数量，可以一筒装一芯或多芯。

五、无菌过滤的生产流程

无菌过滤在滤芯过滤前必须增加一道粗滤和精滤，滤除酒液中的绝大多数大、小微粒和污染微生物、胶体物质等，这样才能保证最后滤芯过滤的生产能力和使用寿命。目前众多公司生产的多种滤材和多种规格的滤芯可用于酒液、水、空气、二氧化碳的无菌过滤。

根据滤芯性能，生啤酒的过滤可采用多种组合方式，见表 5-1。

表 5-1 生啤酒过滤组合方式

组合方式	粗滤	精滤	无菌过滤
1	硅藻土过滤	纸板过滤	薄膜滤芯过滤
2	硅藻土过滤	深层滤芯过滤	薄膜滤芯过滤
3	硅藻土过滤	深层滤芯过滤	深层滤芯过滤

粗滤后的酵母菌应降低至 100 个/100mL 以下；精滤后应达到酵母菌数基本为零，污染菌去除率达 50% 以上；最后一道过滤，采用薄膜滤芯或深层滤芯，均应达到酵母数为零，污染菌去除率达 99.9% 以上。

六、滤芯过滤的操作及灭菌

（1）滤芯过滤系统组装完毕后，先用已通过 $0.45\mu m$ 孔径薄膜的无菌水冲洗 20min，以防滤孔堵塞。

（2）冲洗后，以无菌二氧化碳顶出过滤系统中的水，进行完整性测试，如有破漏，需重新组装。

（3）滤筒内以二氧化碳背压，将啤酒输入滤筒。滤筒内的二氧化碳压力应不低于二氧化碳在啤酒中的饱和压力。

（4）滤酒时，进酒和出酒的压差将保持在 5kPa 左右。

（5）滤酒完毕，以二氧化碳将此滤酒系统内残存的酒顶出，进去缓冲罐或直接进入灌装设备。

（6）用 65℃ 热水冲洗此过滤系统。

（7）滤芯的情况，需根据啤酒的可滤性在规定的时间内清洗。

（8）用 85℃ 热水进行杀菌。

（9）杀菌后用无菌冷水淋洗，使温度降低，以便进行滤芯的完整性测试。

（10）将所有此系统内的水排除干净。

（11）滤芯进行完整性测试，确定是否可继续使用。

（12）以二氧化碳冲洗所有此系统及管路，然后以二氧化碳背压备用。

所有以上操作过程均需符合滤芯规定之要求，包括正确掌握淋洗、清洗、灭菌各项温度；清洗用水和二氧化碳均需先经无菌处理。

第六节　高浓度稀释技术

高浓度稀释啤酒的确切名称应为"高浓度麦芽汁酿造后稀释啤酒"，简称稀释啤酒。

高浓度酿造就是在制备麦芽汁时，有意识地先制备高浓度的原麦芽汁，然后根据原有设备的平衡能力，在以后的工序中进行稀释，使达最后啤酒所要求的原麦芽汁浓度，以提高糖化、发酵、贮酒甚至啤酒澄清设备的利用率。采用此项技术的目的，就是在不增加上述设备的条件下提高产量。

此种啤酒一般要求在滤酒前稀释，可以提高糖化、发酵和贮酒的设备利用率。如果在滤酒后稀释，除上述工序的设备外，滤酒设备本身的利用率也可提高。越在前面工序中稀释，稀释用水的生产技术条件要求越低；越往后面稀释，要求条件越高。在滤酒前后稀释，不但稀释用水要作严格处理，稀释过程中也需要有高精度的自控设施，否则便无法保证稳定的产品质量。

此项技术首先在北美应用，目前在世界范围内已得到广泛采用。美国的应用范围已达 70％ 以上。

一、稀释率

高浓度酿造稀释啤酒的稀释率可以下式表示：

$$稀释率（\%）=\frac{高浓度酿造原麦芽汁浓度-稀释后啤酒原麦芽汁浓度}{稀释后啤酒原麦芽汁浓度}\times100$$

例如：原麦芽汁浓度为 16°P，稀释后成品啤酒的原麦芽汁浓度为 12°P，则其稀释率（％）＝（16－12）/12×100＝33.3。即稀释后的啤酒容量较原容量增加 33.3％。

一般说，利用现有糖化设备制备 18°P 浓度的麦芽汁无大问题。但过高的麦芽汁浓度经发酵后，其代谢产物与正常低浓度麦芽汁发酵的代谢产物有较大的变化，由于高浓度麦芽汁发酵，酵母增殖率降低，酯的形成会显著增加，稀释后与正常低浓度啤酒的风味也会有较大差异。一般说，选择产酯率低的酵母，麦芽汁浓度控制在 15°P 左右，其产酯幅度尚不致增加很多，稀释后的啤酒风味与传统发酵的还是比较接近的。

二、稀释啤酒的工艺特点

总体上讲，高浓度酿造对原有设备需要改造的并不多。麦芽汁制备设备的生产能力和糖化方法，取决于利用现有设备可得到的高浓度麦芽汁。

（一）麦芽汁制备

1. 糖化时的料液比

原麦芽汁浓度要求愈高，以及酒液的发酵度也愈高，糖化时的料液比也愈高，麦芽汁的可发酵糖与非可发酵糖之比，即单位浸出物的酒精得率高。

2. 麦芽汁过滤与残糖浓度

如果按常规生产方法制备高浓度麦芽汁，必将导致麦芽汁过滤时间和煮沸时间延长。为了控制这方面的时间和麦芽汁煮沸费用，应尽量提高第一麦芽汁浓度和减少洗槽用水，这样必然出现残糖浓度过高和麦芽汁收得率降低的问题；制备的原麦芽汁浓度愈高，残糖浓度也愈高。实践证明，高浓度麦芽汁的残糖浓度与正常麦芽汁的残糖浓度之差，基本上与两者的第一麦芽汁浓度之差接近。

为了减少浸出物的损失，可回收洗涤麦糟的残水，留作下锅糖化用水或洗槽用水，但必须做到：

（1）贮存残水应在 80℃ 以下，以防杂菌污染。

（2）残水中的类脂、多酚物质和其他不良成分的含量，必须对下锅糖化不致造成质量影响。

（3）最好经活性炭吸附过滤后再用。

3. 煮沸锅中加糖或糖浆

在麦芽汁煮沸锅中添加部分糖或糖浆，以提高麦芽汁浓度。这是提高麦芽汁浓度，减少浸出物损失和克服麦芽汁过滤所存在问题的最有效而简单的方法。在使用蛋白质溶解良好的麦芽条件下，也不至于引起麦芽汁可同化氮含量不足的问题。必要时也可添加酵母营养物解决之。

4. 增加酒花用量

麦芽汁浓度愈高，酒花利用率愈低。制备高浓度麦芽汁时，应酌量增加单位麦芽汁酒花用量，以保持啤酒所要求的苦味度，或在主发酵后添加异构化酒花浸膏补充之。

（二）发酵

（1）一般的啤酒酵母耐酒精比较差，用于高浓度麦芽汁发酵后，其回收酵母的活力比较低，需选用耐高酒精度和高渗透压的啤酒酵母，以适应高浓度麦芽汁发酵。

（2）酵母接种量应随麦芽汁浓度增高的比例而酌量增加，否则发酵时间将延长，发酵不完全。

（3）酵母使用代数较低。

（4）麦芽汁浓度愈高，氧的溶解度愈低，麦芽汁冷却时应适当增加通氧量，溶解氧以达 $8\sim10\text{mg/kg}$ 为宜，必要时也可采用通入纯氧解决之。

（5）发酵温度可以不变，仍按各厂常规方法控制之。

（6）采取（2）、（4）两项措施，高浓度麦芽汁的发酵时间可以不延长。

（7）随麦芽汁浓度的提高，发酵时可能泡沫增多。采用锥形罐发酵，满罐容量不宜过多，以 80% 为好，罐的利用率稍有降低。

（三）贮酒

（1）因高浓度啤酒的酒精含量高，啤酒冰点降低，贮酒温度可进一步降低，对提高啤酒非生物稳定性是有利的。

（2）贮酒时间不必延长。

（四）滤酒

（1）在滤酒前后稀释啤酒，均应按严格要求控制稀释用水的质量。

（2）如果稀释用水本身没有浑浊度，和啤酒混合后也不出现浑浊，则在滤酒后进行稀释是最合理的，啤酒可以在更冷的激冷温度下过滤，有利于啤酒的非生物稳定性。

（五）稀释

（1）根据酒精含量进行稀释。

（2）酒与稀释水按要求比例进行混合。

（3）在稀释过程中，应保持稳定的混合比例。混合时，啤酒与稀释水均以磁性流量计测定各自的流量，并与自动控制装置联网。酒液只测流量，不进行调控；稀释用水则既测流量，又进行调控，随啤酒的流量变化而变化。当混合比例出现偏差时，自控装置发出误差信号，稀释水的流量自动进行调整补偿，保持要求的混合比例。

（4）工业先进国家已可利用在线检测，控制稀释酒的相对密度、酒精含量和二氧化碳含量，通过计算机标出其原麦芽汁浓度、真正浓度和热值等。

三、稀释用水

稀释用水应具有和啤酒相同的质量特性，如：生物性能稳定，无异味异臭，具有一定量的二氧化碳，与被稀释的啤酒具有相同的温度和 pH 值。因此，稀释用水需要经过一系列的处理，如砂滤、活性炭过滤、无菌处理、排氧、充二氧化碳、调节 pH 值、冷却等步骤，然后进入贮存罐备用。

（一）对稀释用水的要求

（1）应符合饮用水标准，无任何微生物污染和化学污染，水的残留碱度一般要求≤0，否则在稀释过程中易引起 pH 值的变化。

（2）无异味异臭，清澈透明，无悬浮物。

（3）排除空气，降低稀释用水的溶解氧含量（≤0.03mg/kg）。

（4）充二氧化碳，使排氧后的水不易重新吸氧，二氧化碳含量应接近或略高于混合啤酒的含量。

（5）根据啤酒成分要求，适当调整稀释用水的无机盐类。

（二）稀释用水的处理

1. 预处理

（1）根据啤酒要求调整 pH 值。

（2）按常规方法脱氯。

（3）采用离子交换法或其他水处理方法去盐，再根据需要补充所需的盐类。或原水只作某种程度的去盐处理，水中仍保留适量盐类。

① 钙离子含量过多，易引起浑浊，同时钙盐还能使排氧车间的热交换器、喷雾嘴等结垢，应根据需要排除之。

② 铜离子易引起啤酒浑浊和严重影响啤酒风味的稳定性。一般在发酵时，少量铜离子易为酵母同化而除去，如果在滤酒时作为稀释用水加进酒内则不利，应尽量避免铜离子的存在，使其含量不得超过 0.05mg/kg；铁、锰等金属离子含量也应尽量降低。

2. 灭菌

稀释用水采用的灭菌方法如下。

(1) 薄板热交换器灭菌　温度可控制在 100℃，这不仅灭菌有效，还能降低水中碳酸氢盐含量，从而减轻碳酸氢盐对啤酒 pH 值的影响；或采用巴氏灭菌办法，在薄板热交换器内加热至 75～80℃，维持半分钟，再冷却。

(2) 紫外线杀菌　将薄层的水流经石英汞蒸气弧光灯照射，即可灭菌。啤酒厂大都采用广谱（313～184.9nm）紫外线照射系统。由高压弧光灯产生不同波长的紫外线，具有较强的杀菌力。

(3) 无菌过滤　采用 0.02～0.03μm 的滤膜过滤，可以截留除菌。

(4) 臭氧处理　臭氧发生器是一独立系统。利用压缩机将干洁的空气压入臭氧发生器，通过持续高压放电的两个电极间，即可产生臭氧，然后与水进入臭氧-水混合罐。臭氧是不稳定的，它很快降解为普通分子氧。混合后，臭氧在水中可保持 3～5min 的有效浓度（＞0.2mg/kg），然后变为普通氧，由混合罐上部的出口排出。稀释水经灭菌后，由混合罐底部排出。

臭氧是强氧化剂，不仅有杀菌作用，还能去臭和去味。

3. 排氧

(1) 稀释用水含氧量的要求　常温水中溶解氧含量为 8～10mg/kg，作为不同稀释点的稀释用水，其含氧量要求如下。

① 滤酒时稀释水的要求　必须使稀释水的含氧量降至 0.05mg/kg 以下（对出口啤酒和高档啤酒而言），或 0.2mg/kg 以下（对快销啤酒而言），否则啤酒极易氧化，影响质量。

② 对下酒贮酒时稀释水的要求　若下酒的酵母浓度保持在 1×10^6 个细胞/mL 以上，稀释用水的溶解氧含量降至 3mg/kg 以下即可，直接用二氧化碳充气，即可达到要求。

(2) 排氧的措施

① 真空排氧法　利用真空排氧罐，使稀释水经过一组喷雾嘴，形成大表面积的雾状进入真空排氧罐，在减压（94.8kPa 真空度）的条件下，使氧在水中的平衡量降低，多余的氧则排出。

进入真空排氧罐的水温，应高于减压条件下水的沸点，可控制在 40～50℃，使部分水在罐内瞬间蒸发，进一步帮助空气从水中释放。此蒸发的水汽和释放的空气，一同由罐上部排出，至冷凝器冷凝后，由真空泵排走。

排氧后的水再经过罐下部一组陶瓷或不锈钢填充料筛层，此筛层既能延长水的停留时间，又使水形成大表面积的薄膜，有利于氧的释出。此法除气后水的含氧量可降低至 0.15mg/kg。如要求进一步降低溶解氧含量，可进行二级真空脱氧，溶解氧含量可降低至 0.05mg/kg。

② 二氧化碳置换法脱氧　亨利定律：在一定温度下，溶解在一定溶剂中的气体质量（m）与压力（p）成正比。即 $m = kp$。

道尔顿定律：在一定压力下，混合气体溶解在一定溶剂中的气体浓度和该气体的分压成正比。即：

$$S = K \frac{p}{p_0}$$

式中　S——气体的溶解度，mg/kg；

　　　K——气体的溶解常数，mg/kg；

　　　p——气体在混合气体中的分压，MPa；

　　　p_0——混合气体总压力，MPa。

如不改变混合气体总压力，向稀释水中充二氧化碳，则二氧化碳的分压相对增高，二氧化碳在水中的溶解度提高，而氧的分压降低，从而降低氧在水中的溶解度。

二氧化碳排氧法，排氧效果取决于通入二氧化碳的量和纯度及原水中的含氧量。此法虽可降低水中溶解氧含量至 0.1mg/kg 以下，但二氧化碳的耗量很大。

③ 混合排氧法　结合上述两种方法，即利用抽真空和充二氧化碳，可进一步降低稀释水中的含氧量，并可减少二氧化碳耗量和降低抽真空的能耗。

稀释水经紫外线灭菌后，先经一级真空排氧，溶解氧可降至 0.15～0.30mg/kg，再经二级真空排氧，同时充二氧化碳，可使溶解氧降至 0.03mg/kg 以下，然后经薄板冷却，在低温下进入贮水罐备用。其排氧过程流程如图 5-2 所示。

4. 冷却

排氧后的稀释用水，根据灌酒需要，一般需冷却至接近其冰点，即将排氧后的水，送至薄板热交换器进行冷却。开始先与待杀菌的水流冷却，经此段冷却后，开始轻度充二氧化碳，避免水再吸氧，然后用冷溶剂进行最后冷却，冷却至需要的温度。

5. 充二氧化碳

（1）充二氧化碳的作用

① 避免稀释水在排氧后重新吸氧。

② 保证稀释后啤酒应有的二氧化碳含量。

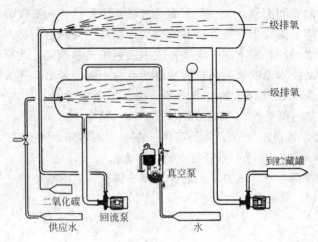

图 5-2　稀释用水二级排氧流程图

（2）充二氧化碳的步骤

① 稀释用水在热交换器冷却时，先轻度充二氧化碳，防止重新吸氧。此轻度充二氧化碳水泵送至贮水罐（以二氧化碳为背压）可作稀释水用。

② 稀释后的啤酒，再进一步充二氧化碳，自动调节，使达啤酒需要的二氧化碳含量。以上排氧、冷却和充二氧化碳的处理过程，可以英国 APV 公司设计的全自动控制设备图解，如图 5-3 所示。

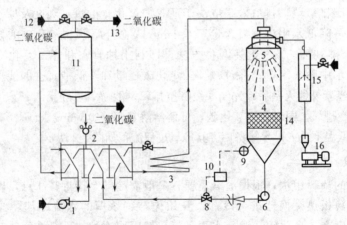

图 5-3　稀释用水的处理流程图

1—离心泵（将经过预处理的水泵入薄板热交换器）；2—薄板热交换器（进入的冷水与流出的
热排氧水交换，使冷水升温至接近灭菌温度，然后与废蒸汽对流，达到灭菌温度）；3—排管
（已达灭菌温度的水在此 25s 灭菌）；4—真空排氧罐；5—喷雾嘴（已灭菌的水进入真空排氧罐，
使水喷成雾状排氧）；6—抽取泵；7—止回阀；8—调压阀；9—液位发射器；10—液位控制器；
11—缓冲罐；12—二氧化碳进口；13—二氧化碳出口；14—不锈钢筛（延长水的停留
时间，增加水的表面积，以利排氧）；15—喷雾冷凝器；16—真空泵

四、滤前稀释和滤后稀释

1. 滤前稀释

滤前稀释的生产流程有两种：

① 酒水混合→冷却→过滤→充二氧化碳→入贮酒罐。

② 酒水混合→充二氧化碳→冷却→过滤→入贮酒罐。

方法①酒水混合和充二氧化碳需两套控制系统；方法②酒水混合和充二氧化碳只需一套控制系统。但滤前充二氧化碳，尚未完全溶解至酒内的二氧化碳气泡会干扰滤层，使滤层变得疏松，影响过滤。因此，滤前充二氧化碳，必须配置使二氧化碳充分溶解至酒内的措施。

2. 滤后稀释

滤后稀释的生产流程：啤酒过滤→酒水混合→充二氧化碳→冷却→入贮酒罐。滤后混合及充二氧化碳可用同一控制系统。

滤后混合，酒温会略有升高，需进行冷却。滤后混合，滤酒必须不因酒液浓度高而影响过滤。

五、麦芽汁浓度控制范围和稀释啤酒的质量

(一) 麦芽汁浓度控制范围

过高的原麦芽汁浓度，发酵后酒液的酯含量显著提高，特别是乙酸乙酯和乙酸异戊酯含量增加很多。一般在麦芽汁浓度高达 15％左右时，酯含量在分析上虽有增加，在嗅觉和味觉上尚不易察觉，因这些成分的风味阈值仍高于酒内的含量。原麦芽汁浓度过高的稀释啤酒，风味上将出现显著差异，主要是乙酸乙酯含量过高。

麦芽汁浓度对啤酒成分的影响也不是一成不变的。酵母菌种、麦芽汁组成和工厂其他条件对啤酒成分都会产生影响。各厂具体情况不一样，因此，麦芽汁浓度可提高的幅度，很难控制绝对一致。一般以控制原麦芽汁浓度在 15％～16％，稀释率控制在 25％～50％比较合适，这样稀释后的啤酒在风味上不至于有大的改变。

(二) 稀释啤酒的质量

稀释啤酒的质量可以控制与正常啤酒的质量接近，虽然两者的评价互有高低，在风味上还是有差异的。一般稀释啤酒的风味柔和一些，但相对地讲，其口味和臭味的强度稍有降低。

从分析上看，稀释啤酒的色泽浅一些，pH 值略高一些，α-氨基氮高于正常

啤酒，其非生物稳定性和风味稳定性则较正常啤酒为高。

六、稀释啤酒的优缺点

1. 优点

（1）稀释啤酒的最大优点是在原有设备的基础上提高了啤酒产量，特别是在生产旺季时，其增产的灵活性具有重大的经济意义。

（2）提高了设备利用率。如果在滤酒后稀释，可提高糖化、发酵、贮酒和滤酒等几个工序的设备利用率。用 15%～16% 的高浓度麦芽汁，稀释为 11%～12% 原麦芽汁浓度的啤酒，设备利用率提高 25%～50%；若稀释为 10% 原麦芽汁浓度的啤酒，设备利用率可进一步提高 60%。

（3）降低生产费用。由于麦芽汁浓度高，含水量少，容积小，相应地加热、冷却、贮酒所消耗的能量约降低 15%；清洗和过滤费用以及污水处理费用均有所降低。

（4）可以多添加辅料，也降低了生产费用。

（5）啤酒的风味稳定性和非生物稳定性均有所改善。

（6）可用一种"母液"稀释成多种产品，生产灵活性大。

（7）由于酵母增殖减少，单位可发酵浸出物的酒精产量提高。

（8）口感较柔和爽口。

2. 缺点

（1）由于糖化醪液浓度提高，麦芽汁过滤和洗糟不够彻底，残糖较高，麦芽汁得率较低。在利用残糖水作为下锅糖化或洗糟用水条件下，可以缩小此项差距，但应注意不得降低质量。

（2）高浓度麦芽汁的酒花利用率较低，需增加酒花用量。

（3）发酵时泡沫增加，发酵损失也相应增加，发酵罐的容积利用率相对减少一些。

（4）由于高渗透压和高酒精含量，酵母活性受损，使用代数降低，酵母凝聚性变差，不同的菌株受影响的程度则不一样，因此制造稀释啤酒应慎重选择酵母。

（5）泡持性降低。试验证明，麦芽汁在煮沸以后的生产过程中，其疏水性蛋白质含量逐步降低，而高浓度麦芽汁降低的幅度更大一些。影响所及，稀释啤酒的泡持性略逊于非稀释啤酒。

在少投资的情况下，要求大幅度增加啤酒产量，制造稀释啤酒是有利的。当企业产量不是要求大幅度增长时，采用此项技术应全面衡量其优缺点。

第六章　啤酒包装

第一节　瓶装啤酒

一、啤酒灌装的基本原则

啤酒包装是啤酒生产过程中比较繁琐的过程，是啤酒生产最后一个环节，包装质量的好坏对成品啤酒的质量和产品销售有较大影响。过滤好的啤酒从清酒罐分别装入瓶、罐或桶中，经过压盖、生物稳定处理、贴标、装箱成为成品啤酒或直接作为成品啤酒出售。一般把经过巴氏灭菌处理的啤酒称为熟啤酒，把未经巴氏灭菌的啤酒称为鲜啤酒。若不经过巴氏灭菌，但经过无菌过滤、无菌灌装等处理的啤酒则称为纯生啤酒（或生啤酒）。

1. 啤酒包装过程中必须遵守以下基本原则

（1）包装过程中必须尽可能减少接触氧，啤酒吸入极少量的氧也会对啤酒质量带来很大影响，包装过程中吸氧量不要超过 $0.02\sim0.04mg/L$。

（2）尽量减少酒中二氧化碳的损失，以保证啤酒较好的杀口力和泡沫性能。

（3）严格无菌操作，防止啤酒污染，确保啤酒符合卫生要求。

2. 对包装容器的质量要求

（1）能承受一定的压力。包装熟啤酒的容器应承受 $1.76MPa$ 以上的压力，包装生啤酒的容器应承受 $0.294MPa$ 以上的压力。

（2）便于密封。

（3）能耐一定的酸度，不能含有与啤酒发生反应的碱性物质。

（4）一般具有较强的遮光性，避免光对啤酒质量的影响。一般选择绿色、棕色玻璃瓶或塑料容器，或采用金属容器。若采用四氢异构化酒花浸膏代替全酒花或颗粒酒花，也可使用无色玻璃瓶包装。

二、啤酒灌装的形式与方法

啤酒灌装的形式有瓶装（玻璃、聚酯塑料）、罐（听）装、桶装等，其中国内瓶装熟啤酒所占比例最大，近年来瓶装纯生啤酒的生产量逐步增大，旺季桶装啤酒的销售形势也比较乐观。

啤酒灌装的方法分加压灌装法、抽真空充 CO_2 灌装法、二次抽真空灌装、CO_2 抗压灌装法、热灌装法、无菌灌装法等。最常用的是一次或二次抽真空、充 CO_2 的灌装法，预抽真空充 CO_2 的灌装方法可以减少溶解氧的含量，对产品的质量影响较小。此外，由于纯生啤酒的兴起，无菌灌装受到重视。

三、灌装系统的工艺要求

1. 空瓶的洗涤

新旧瓶都必须洗涤，回收的旧瓶必须经过挑选，剔除油污瓶、缺口瓶、裂纹瓶等。新瓶只经 $75℃\pm3℃$ 的高温高压热水冲洗或用 1% 碱液喷洗，除去油烟；回收瓶有不同程度的污染，应掌握好洗涤剂配方，加强清洗杀菌。洗涤剂要求无毒性。

（1）洗瓶工艺要求　总的要求为瓶内外无残存物，瓶内无菌，瓶内滴出的残水不得呈碱性反应。

① 洗瓶机各槽中的碱水浓度及温度应严格按照工艺参数要求控制。

② 喷嘴必须保持通畅，不要出现堵塞现象。高压喷洗的温度要求为：热碱水喷洗 $70℃$，热水喷洗 $50℃$，温水喷洗 $25\sim35℃$，清水喷洗 $15\sim20℃$。喷洗压力 $0.2MPa$，淋洗压力 $\geq0.15MPa$。

③ 无菌压缩空气压力为 $0.4\sim0.6MPa$，以吹出瓶内积水，再进行短时间空水。

④ 洗瓶期间喷洗后的碱液可以循环使用。

⑤ 洗净的瓶必须内外洁净，倒置 $2min$ 不能超过 3 滴水，不能有残碱存在（0.5% 酚酞不呈红色反应）。

（2）洗瓶机类型

① 按结构分　单端式：进出瓶均在机体的同一端；双端式：进瓶和出瓶分别在机体前后两端。

② 按运行方式分　间歇式和连续式。

③ 按洗瓶方式分　喷冲式：使用一定温度的洗涤液对旧瓶进行浸泡、喷冲；刷洗式：用毛刷洗刷，已被淘汰。

④ 按瓶盒材质分　全塑型、半塑型和全铁型。

（3）洗瓶机主要结构

① 机身　机身有长方形的外壳，通过不同隔板构成 $5\sim9$ 个槽。机身内装有两个以上加热器，保证各浸泡槽及喷淋水不同温度的需要。管路系统由蒸汽管、冷水管、洗液管及若干台水泵组成，浸泡槽内碱液和温水的循环、喷管对瓶子的喷冲依靠泵的运行而实现。

② 主传动系统　由电磁无级调速电机和变速箱驱动主传动轴，通过链条及万向联轴节同时驱动链盒装置、喷淋架、进瓶系统、出瓶系统等。主传动轴上装有过载保护安全装置，进出机构有故障自动停机的离合器和自动回程机构。

③ 进瓶系统　不同的机型进瓶方式不同。常见有：托瓶梁式、旋转式进瓶器、连杆机构指状进瓶器。在瓶子被推进瓶盒的同时，瓶子能和瓶盒同步向下运动，保证有足够时间把瓶子整个推到瓶盒内。

④ 出瓶系统　常见有：自由跌落式、旋转式接瓶器和往复式降瓶器。

⑤ 除标装置　除商标纸装置由一条环行钢带、链轮、链条和鼓风机等组成。碱液浸泡时所脱落的瓶标尽可能排除，以免瓶标纸张纤维堵塞喷嘴而影响清洗效果。

⑥ 喷淋系统　喷淋系统由喷淋架驱动装置和喷管组成。喷淋架沿链盒行进方向做往复运动，其中 2/3 时间随链盒同行并进行喷淋，另 1/3 时间为回程。

⑦ 配套　有电控仪表柜、操作箱等装置。

（4）主要工艺条件　洗瓶温度：20℃→50℃→70℃→50℃→30℃→15℃；洗瓶压力：喷洗压力 0.25MPa，淋洗压力 0.15MPa；无菌空气压力 0.4～0.6MPa。

应根据气温不同调节浸瓶温度，浸瓶的升降温度应平稳，液温与瓶温的温差不要超过 35℃，防止瓶爆裂。碱性洗涤液的浸泡温度应控制在 65～70℃，不要低于 55℃，碱水喷洗的温度不超过 75～85℃。每隔 2h 左右测碱液浓度 1 次，使洗涤液浓度保持稳定。

（5）空瓶检验　验瓶方法有光学检验仪和人工两种验瓶方式。

① 光学检验仪方式　分瓶底检验技术和全瓶检验技术。全瓶检验包括一个或多个瓶底检验站，对碱液或残液两次检查，对瓶壁检查一次，瓶口主要是对密封面检查。采用光学检验装置自动把污瓶和破损瓶由传送带推出，还可以连一个辨认和剔除异样瓶的装置。

② 人工验瓶方式　利用灯光照射，人工检验瓶口、瓶身和瓶底，一旦发现瓶子不符合要求，立即剔除，另行处理。检验员必须定时轮换，瓶子输送速度一般为 80～100 个/min，灌装速度快时可以采用双轨验瓶。

③ 空瓶检验工艺要求　瓶子内外洁净，无污垢、杂物和旧商标纸残留；瓶子不得有裂纹、崩口等现象；瓶子高低应一致。

（6）洗瓶机的维护保养

① 要经常注意观察各部位动作是否同步，有无异常响声，各处紧固件有否松脱，液温和液位是否符合要求，水压、汽压是否正常，喷嘴及滤网有否堵塞及清洗，轴承温度是否正常，润滑是否良好。一旦发现不正常情况，应及时

处理。

② 按洗瓶机使用要求维护保养：对套筒滚子链、进瓶系统、出瓶系统、回程装置的轴承，每班加一次润滑脂；链盒驱动轴、万向联轴节等其他轴承每两班加一次润滑脂；各变速箱每季检查一次润滑情况，需要时应更换润滑油。

每次更换洗液、排放废水时，对机内要进行全面冲洗，去除污垢及碎玻璃，清刷疏通过滤筒。

每月刷洗喷管，疏通喷嘴，及时调整喷管对中情况。

每季应对加热器用高压水喷洗一次，对蒸汽管路上污物过滤器和液位探测器清洗一次。

每半年检查各种链条张紧器，需要时加以调整。

2. 装酒

装酒时必须做到严格无菌，尽量减少酒损失，防止二氧化碳损失，避免酒液与空气接触而氧化。灌装阀要洁净、具有良好的密封性，防止酒液产生涡流和涌酒现象。灌装机结构主要由机座、驱动装置、清酒暂贮槽、升降装置和灌装机构等组成。瓶装灌装机一般采用回转式结构，最多可装有 200 个灌装阀。空瓶由传送带送入灌装机，通过分瓶装置将瓶按一定间隔分开，并经输入星轮转到可升降的托盘上，最后在灌装机下方定位装酒，灌装后经托盘降下被送出机器。

(1) 啤酒灌装机的使用性能

① 灌装机每小时灌装啤酒的数量称为公称生产能力。一般灌装机标准系列有每台每小时 24000 瓶、36000 瓶、48000 瓶和 60000 瓶，国外可达 150000 瓶。每小时 60000 瓶的灌装机其注酒阀数可达 140～150 个。

② 装酒液位精度合格率：国内液位差≤12mm，2 万～3 万瓶/h 精度合格率为 93％；国外液位差±3mm，精度合格率为 80％；液位差±5mm，精度合格率为 98％。

③ 灌装损失率≤0.8％。

④ 灌装 CO_2 损失率≤1.0g/L。增氧量 0.02mg/L，必须保证瓶颈空气体积在 2mL/瓶以下，要求控制在 0.5～1mL/瓶。

⑤ 破瓶率应≤0.7％。

(2) 主要工艺要求

① 啤酒应在等压条件下灌装，酒温要低，一般 $-1～2℃$。尽量避免啤酒 CO_2 的散失和酒液溢流。

② 酒阀密封性能要好，酒管畅通。瓶托风压要足，保持在 0.25～0.32MPa，长管阀的酒管口距瓶底 1.5～3.0cm。

③ 灌装后用 0.2～0.4MPa 的清酒或 CO_2 激泡，使瓶颈空气排出。

④ 装酒容量为 (640±10)mL、(355±5)mL，保持液面高度一致，并保留 4％～5％的运动空间。

⑤ 灌装过程中不能将灌不满的瓶酒用人工充满，严禁手接近瓶口。

此外要求，CO_2 质量分数控制在 $0.45\%\sim0.55\%$ 之间；溶解氧含量小于 $0.3mg/L$；其他指标符合 GB 4927 标准的要求。灌装机贮酒缸要用 CO_2 或氮气背压，压力控制在 $0.06\sim0.08MPa$；采用两次抽真空充 CO_2 等压灌装；采用滴水引沫等措施排除瓶颈空气。要注意环境卫生和无菌操作。

过滤完的啤酒应在低温、背压 $0.06\sim0.08MPa$，然后静置 $14\sim18h$ 后再灌装。灌装必须在恒温、恒压、恒速下进行，尽量减少酒液中 CO_2 的损失。灌装时造成的次酒要经过除氧、除菌、富集 CO_2 后才能回收。

（3）装酒操作

① 装酒前要首先对装酒机进行清洗和杀菌。如停机 24h 以上，应用 $60\sim65℃$、2% 的碱水清洗 $20\sim30min$，然后用无菌砂滤水冲洗干净。同时，对贮酒缸（或槽）要预先用二氧化碳背压，然后缓慢平稳地将啤酒由清酒罐送至装酒机的酒缸内，保持缸内 2/3 高度的啤酒液位。

② 装酒过程中要控制酒缸内液位、压力和装酒速度保持平稳运转。

③ 装酒后，可采用机械敲击、超声波起沫或利用高压喷射装置，通过向瓶内喷射少量的啤酒、无菌水或二氧化碳，引泡激沫而将瓶颈空气排除，然后压盖。

④ 装瓶故障及其排除

a. 瓶内液面过高：原因是酒阀密封橡胶圈失效，卸压阀、真空阀泄漏，回气管太短或弯曲。

b. 瓶子灌不满：原因是气阀门打开调节不当，托瓶气压不足，瓶门破损，气阀、酒阀开度太小。

c. 灌装喷涌：原因是酒温过高、二氧化碳含量过高、背压与酒压不稳定、瓶托风压过大等。另外，酒阀漏气，酒阀、气阀未关闭，卸压时间短或卸压凸轮磨损以及瓶子不干净。

d. 灌酒时不下酒：原因是等压弹簧失灵，回气管堵塞，酒阀粘黏。

3. 压盖

灌装好的啤酒应尽快压盖（压盖时瓶颈部分不能有空气）。玻璃瓶装啤酒一般用皇冠盖封瓶，皇冠盖具有 21 个尖角，这些尖角在压盖时经挤压靠拢而使瓶密封。瓶内盖中的 PVC 塑料膜起到密封垫作用。压盖机与灌装机都采用联体安装，并由同一驱动装置驱动以保证同步运行。压盖机也是回转式机器，由于压盖机元件比灌装机少得多，压盖的速度比灌装速度快。

（1）工艺要求

① 瓶盖与啤酒瓶的尺寸必须符合要求，瓶盖四周不能有毛刺。瓶盖要通过无菌空气除尘处理。

② 瓶盖落盖槽底部的水平面要比压盖头入口处高 0.5mm，以利于入盖。

③ 应根据瓶盖性质调节弹簧压力大小，使其均匀一致。

④ 压盖后，盖应严密端正，不能有单边隆起现象。封盖后瓶盖不能通过 ϕ28.6mm 圆孔，可以通过 ϕ29.1mm 的圆孔。太紧会使瓶口破裂，太松则会在杀菌过程中因马口铁受内压和回弹力作用导致漏气。

（2）压盖操作

① 测量好每个压盖元件间的行程控制间隔，通过适当调节，获得最佳的压盖效果。

② 根据瓶盖性质，调节压盖模行程和弹簧压力大小。如瓶盖马口铁厚、瓶垫厚，压力则要大。

③ 控制瓶盖压盖后外径在 ϕ28.6～29.1mm 之间，如用瓶盖密封检测仪来检验瓶盖的耐压强度，双针式压力表可自动显示和记录瓶盖失效瞬时的最大压力（0.85MPa）。

4. 杀菌

为保证较长的啤酒保存期，常采用巴氏杀菌的方法进行灭菌以保证高的生物稳定性。

（1）**热杀菌方式** 热杀菌方式可分装瓶前杀菌和装瓶后杀菌两种。装瓶前杀菌又称瞬间杀菌，常采用薄板热交换器进行。装瓶后杀菌是国内外绝大多数啤酒生产企业所采用的杀菌方式，采用的设备大都是隧道式喷淋杀菌机和步移式巴氏杀菌机。

1860 年法国科学家巴斯德（Pasteur）通过实验证明应用低温杀菌（经过 60℃加热并维持一定时间）可以将微生物细胞杀死，后人把这种杀菌方法称为巴氏杀菌法。把 60℃经过 1min 所引起的杀菌效果称为 1 个巴氏杀菌单位，用 Pu 表示。根据 Pu 值表达式 $Pu = T \times 1.393(t-60)$［式中 T 为时间（min），t 为温度（℃）］，可以计算出相应的 Pu 值。啤酒要达到有效的杀菌效果，实验室的 Pu 值为 5～6Pu，生产上一般控制 Pu 值为 15～30Pu。

近来也有采用啤酒瞬时巴氏杀菌以及超高温瞬时杀菌法（UHT，杀菌温度在 115～137℃）的，可以延长桶装啤酒的保存期。

（2）**杀菌操作** 装瓶后啤酒的杀菌是待杀菌啤酒从杀菌机一端进入，在移动过程中瓶内温度逐步上升，达到 62℃左右（最高杀菌温度）后，保持一定时间，然后瓶内温度又随着瓶的移动逐步下降至接近常温，从出口端进入相邻的贴标机贴标。整个杀菌过程需要 1h 左右。装瓶前啤酒的杀菌是首先泵送冷啤酒进入预热区进行预热，然后再进入加热区（升温区）与热水或蒸汽对流进行热交换，升温至 71～79℃，维持 15～60s（保温区）进行瞬时杀菌，之后与刚进入到热交换器的冷啤酒进行热交换，降温后再与制冷剂对流进行热交换，使温度降至灌酒要求的温度。

（3）**主要工艺条件** 装瓶后啤酒的杀菌温度（瓶内）：15℃ → 30℃ → 45℃ →

62℃→54℃→45℃→35℃。喷淋水压 0.2～0.3MPa。升温时水温与酒温差不能超过 30℃，降温时不能低于酒温 22℃，以降低瓶损和酒损。喷淋水中可适当添加适量的吸附剂、螯合剂和碱液，以保持其弱碱环境。装瓶前啤酒的杀菌工艺条件同其操作过程所述，通常控制在 72～73℃，维持 30s；也有采用 68～72℃，保持 50s。整个过程持续 2min，几乎不损害啤酒质量。

（4）杀菌工艺要求

① 杀菌后的啤酒不能发生酵母浑浊，熟啤酒的色香味与原酒不能有显著差别，不能有明显的微小颗粒或瓶颈黑色圈。

② 在杀菌温度 65℃ 以下、CO_2 质量分数 0.4%～0.5% 的条件下，瓶装啤酒的瓶颈部分体积应为瓶总容积的 3%。杀菌温度在 65℃ 以上时，瓶装啤酒的瓶颈部分体积应为瓶总容积的 4%，以免造成杀菌时瓶内压力过高而造成爆瓶。

③ 喷淋水分布要均匀，主杀菌区杀菌温度为 61～62℃，杀菌效果为 15～30Pu。

（5）操作要点

① 严格控制各区温度和时间。各区温差不得超过 35℃，瓶子升（降）温速度控制在 2～3℃/min 为宜，以防温度骤升骤降引起瓶子破裂。

② 经常观察各区的温度，控制温度变化在 ±1℃ 为宜，每班要测 Pu 值 1～2 次。

③ 每天下班要清洗机体和各喷管，保持喷嘴畅通，喷淋水压 0.2～0.3MPa。

④ 为了防止由于啤酒爆瓶所产生喷淋水偏酸而腐蚀设备，可用 1%～2% 的 NaOH 调节喷淋水的 pH 为 7.6～8，必要时可加 5～10mg/L 的磷酸三钠，以防喷嘴阻塞以及瓶子干燥后覆盖一层盐。

5. 贴标

啤酒的商标直接影响到啤酒的外观质量，工艺要求使用的商标必须与产品一致，生产日期必须表示清楚。商标应整齐美观，不能歪斜，不脱落，无缺陷。黏合剂要求呈 pH 中性，初黏性好，瞬间黏度适宜，啤酒存放时不能掉标，遇水受潮不能脱标、发霉、变质，不能含有害物质及散发有害气体。贴标机有直通式真空转鼓贴标机和回转式贴标机等类型。贴标后经人工或机械包装（热收缩膜包装、塑料箱或纸箱包装），即可销售。

贴标机贴标过程包括：上胶、取标、夹标、贴标、转位刷标 5 个机械动作和瓶子定位、进瓶、压瓶、标盒前移、压标、出瓶 6 个辅助动作。

四、灌装系统的注意事项

1. 要保证洁净

（1）包装容器的洁净　所使用的包装容器必须经过清洗和严格检查，不能使包装后的啤酒污染。

（2）灌装设备的洁净　对灌装设备尤其是灌装机的酒阀、酒槽要进行刷洗和灭菌，灌酒结束后每班应走水，加入消毒液杀菌，每周要对酒阀、酒槽、酒管进行刷洗和灭菌，凡与啤酒接触的部分都不能有积垢、酒石和杂菌，灌酒设备最好与其他设备隔绝，灌装机的润滑部分与灌酒部分应防止交叉污染，输送带的润滑要用专用的肥皂水或润滑油。

（3）管道的洁净　一切管道尤其是与啤酒直接或间接接触的管道，都要保持洁净，每天要走水，每周要刷洗，每次要灭菌。

（4）压缩空气或 CO_2 的洁净　用于加压的压缩空气或 CO_2 都要进行净化，对无油空压机送出的压缩空气要进行脱臭、干燥或气水分离，要经常清理空气过滤器，及时更换脱臭过滤介质，排除气水分离器中的积水。对 CO_2 要经过净化、干燥处理，保证 CO_2 纯度达 99.5％以上。

（5）环境的洁净　保持灌酒间环境的清洁卫生，每班进行清洁、灭菌。

2. 防止氧的进入

啤酒灌装过程中氧的进入对啤酒质量的危害很大，减少氧的进入和降低氧化作用具有重要意义。

（1）适当降低灌装压力或适当提高灌装温度，减少氧的溶解。要求采用净化的 CO_2 作抗压气源，或用抽真空充 CO_2 的方法进行灌装。

（2）加强对瓶颈空气的排除。啤酒灌装后，压盖之前采用对瓶敲击、喷射高压水或 CO_2、滴入啤酒或超声波振荡等，使瓶内啤酒释放出 CO_2 形成细密的泡沫向上涌出瓶口，以排除瓶颈空气，该操作成为激沫或窜沫。

（3）灌装机尽可能靠近清酒罐，以降低酒输送中的空气压力，或采用泵送的办法，减少氧的溶解。

（4）灌装前要用水充满管道和灌装机酒槽，排除其中的空气，再以酒顶水，减少酒与空气的接触。

（5）清酒中添加抗氧化剂如维生素 C（或其钠盐）、亚硫酸氢盐等。

3. 低温灌装

低温灌装是啤酒灌装的基本要求。啤酒温度低时 CO_2 不易散失，泡沫产生量少，利于啤酒的灌装。

（1）啤酒灌装温度在 2℃，不要超过 4℃，温度高应降温后再灌装。

（2）每次灌装前（尤其在气温高时），应使用 1～2℃的水将输酒管道和灌装机酒槽温度降下来。

4. 灭菌

瓶装熟啤酒的灭菌是保证啤酒生物稳定性的手段，必须控制好灭菌温度和灭菌时间，保证灭菌效果。同时，要避免灭菌温度过高或灭菌时间过长，以减少啤酒的氧化。灭菌后的啤酒要尽快冷却到一定温度以下（要求 35℃以下）。

第二节 罐装啤酒

包装工艺流程如下。

易开盖

↓

空罐卸箱托盘机 → 链式输送器 → 洗涤机 → 灌装机 → 封罐机 → 巴氏灭菌机
→ 液位检测 → 喷印日期 → 装箱或收缩包装 → 成品

↓   ↑   ↑

不合格罐   箱   薄膜

1. 送罐

工艺要求：罐体不合格者必须清除；空罐要经紫外线灭菌，装酒前将空罐倒立，以 $0.35\sim0.4MPa$ 的水喷洗，洗净后倒立排水，再以压缩空气吹干。

2. 罐装封口

工艺要求：灌装机缸顶温度应在 $4℃$ 以下，采用二氧化碳或压缩空气背压；酒阀不漏气，酒管畅通；罐装啤酒应清亮透明，酒液高度一致，酒容量355mL±8mL；封口后，易拉罐不变形，不允许泄漏，保持产品正常外观。装罐原理与玻璃瓶相同，采用等压装酒，应尽量减少泡沫的产生。

3. 杀菌

工艺要求：装罐封口后，罐倒置进入巴氏杀菌机。喷淋水要充足，保证达到灭菌效果所需 $15\sim30Pu$；不得出现胖罐和罐底发黑。由于罐的热传导较玻璃好，杀菌所需的时间较短，杀菌温度一般为 $62\sim61℃$，时间 10min 以上。杀菌后，经鼓风机吹除罐底及罐身的残水。

4. 液位检查

采用 γ 射线（放射源：镅 241）液位检测仪检测液位，当液位低于 347mL 时，接收机收集信息经计算机处理后，传到拒收系统，被橡胶棒弹出而剔除。

5. 打印日期

自动喷墨机在易拉罐底部喷上生产日期或批号。打印后，罐装啤酒倒正，然后装箱。

6. 装箱及收缩包装

装箱用包装机或手工进行，将 24 个易拉罐正置于纸箱中；也可采用加热收缩薄膜密封捆装机，压缩空气工作压力为 0.6MPa，热收缩薄膜加热140℃左右，捆装热收缩后，薄膜覆盖整洁，封口牢固。

第三节　其他包装方式

啤酒包装源于桶装，由于包装简便、成本低、口味新鲜，近年来受到企业的重视。桶装啤酒目前包装容器一般采用不锈钢桶或不锈钢内胆、带保温层的保鲜桶，桶的规格有50L、30L、20L、10L、5L等。包装前，啤酒一般要经瞬间杀菌处理或经无菌过滤处理。采用无菌过滤、无菌包装的纯生啤酒日益受到消费者的欢迎，纯生啤酒的市场份额逐步增加，发展形势十分乐观。

桶装啤酒一般是装未经杀菌的鲜啤酒。鲜啤酒口味清爽，成本低，但保存期不长，适于当地产当地销，销量很大。如果桶装需要装杀菌啤酒，一般是采取先杀菌（瞬间杀菌）后灌装的办法。

目前世界桶装啤酒产量已占全部啤酒产量的20％左右，欧洲国家的桶装啤酒比例较大，英国的桶装酒约占80％。桶装酒较瓶装或易拉罐包装约节省30％以上的能耗，因此极富生命力。

桶装生产线由桶清洗灌装机、供给装置、进出口输送机、瞬间巴氏杀菌机、CIP系统、称重器、翻转机等组成。

1. 桶的清洗

桶外洗机是对啤酒桶的外部进行清洗。常用形式有热水多喷嘴喷洗设备和带有刷子的旋转高压喷淋设备。清洗步骤分预注入水、碱水清洗、热水洗、冷水洗和蒸汽杀菌。啤酒桶清洗后，30L桶内残水低于20mL，残水pH7，无菌。

2. 桶的灌装

缓冲罐内啤酒浊度<0.5EBC单位，1～4℃，0.25～0.3MPa，二氧化碳≤0.55％。桶装过程中用0.3MPa二氧化碳背压，输送啤酒时尽量避免与氧接触。用纯度99.95％的二氧化碳填充，桶内压力0.1～0.2MPa，将啤酒装满，装酒量30L＋0.3L或30L－0.7L，合格率90％。啤酒口味新鲜，含氧量0.05mg/L。若用0.2MPa压缩空气背压，装酒后含氧量0.20～0.40mg/L。

（1）木桶啤酒　木桶系用柞木制作，木桶的处理比较烦琐，它需要涂料，不易清洗，灭菌不耐压，修理不方便，除在欧洲少数国家尚有使用外，在国内已不采用，改用金属桶。

（2）金属桶啤酒　过去曾采用铝桶，因其易腐蚀，目前各国均采用不锈钢桶，因其具备如下优点。

① 对啤酒质量（风味、色泽、泡沫以及非生物稳定性等）无影响。

② 桶面光洁，反射能力大，与木桶比较，不易很快吸热而使酒温上升。

③ 结构简单，光洁的内壁很易清洗，用热水、蒸汽或碱水杀菌均可。

④ 不需涂料，很少修理，易于流通。

⑤ 质量轻，运费低，50L 不锈钢桶约重 12kg，而同容积木桶则重 34kg。

⑥ 配有特殊结构的桶口阀，保证清洗及灌装在密闭条件下进行，密封不漏，二氧化碳损失少。

⑦ 较木桶耐压，一般工作压力最大可达 0.3MPa。

⑧ 装桶后如需杀菌也比较容易。

⑨ 卫生条件好，不易染菌。

⑩ 容易实现清洗和灌装程序控制，有安全监视系统，全自动操作。

第七章　啤酒稳定技术

啤酒的稳定性主要分为生物稳定性、非生物稳定性、风味稳定性和泡沫稳定性。啤酒一旦失光、浑浊，在外观上便可看出，消费者不敢购买；如果属于生物稳定性不好，酵母或细菌在酒内繁殖，不但口味变坏，还会影响饮用者的身体健康，甚至啤酒瓶可能发生爆破，危及人身安全。口味稳定性不好的啤酒，由于氧化等原因，产生老化味、日光臭等，啤酒口味变坏，失去了产品的竞争力。

第一节　啤酒的非生物稳定性

啤酒的非生物稳定性是指啤酒在生产、运输、贮存过程中，由外界非生物原因引起的浑浊、沉淀。

经过过滤澄清透明的啤酒并不是"真溶液"，而是胶体溶液，它含有糊精、β-葡聚糖、蛋白质和其分解产物多肽、多酚、酒花树脂及酵母等微生物，这些颗粒直径大于 $10^{-3}\mu m$ 的大分子物质即胶体物质，在 O_2、光线和振动及保存时会发生一系列变化，形成浑浊甚至沉淀-胶体浑浊物。此浑浊、沉淀主要包括冷浑浊、冷冻浑浊、永久浑浊等。

冷浑浊在 0℃ 左右产生，在 20℃ 左右又复溶，一般认为是蛋白质-多酚结合物；冷冻浑浊在 $-5\sim-3℃$ 出现，以 β-葡聚糖为主体的沉淀；永久浑浊是蛋白质-多酚物质氧化形成的。

啤酒胶体浑浊物的主要成分是来自原料大麦的蛋白质及其分解产物如多肽等与多酚类物质结合产生的一种聚合物，同时高分子蛋白质、高分子多肽也是构成啤酒风味、泡沫性能等方面不可缺少的物质，任何啤酒中都会存在潜在浑浊的高分子蛋白质或多肽，因此啤酒透明是相对的，浑浊是绝对的。

一、多酚对啤酒非生物浑浊的影响

大量的研究证明，在啤酒非生物浑浊中，主要是多酚-蛋白质形成的浑浊。在浑浊物测定中，蛋白质和多肽占 45%～75%，多酚占 20%～35%，此外还有 α-葡聚糖和 β-葡聚糖、戊聚糖、甘露聚糖以及铁、锰等金属离子。

多酚是指同一苯环上有 2 个以上的酚羟基化合物，主要来自于麦芽和酒花以及大麦、小麦等辅料。麦芽中含有多酚物质 0.1%～0.3%，酒花中含有 4%～14%。在 12°P 煮沸麦芽汁中含有多酚物质常在 75～200mg/L，它对啤酒的色泽、泡沫、口味、杀口性、风格等有显著影响，且会引起啤酒的非生物浑浊和啤酒喷涌。麦芽汁在煮沸时多酚特别是单宁类化合物能和高分子蛋白质结合形成热凝固物，在麦芽汁冷却后，也能和 β-球蛋白等形成冷凝固物，在分离热、冷凝固物时被除去或减少。但不管工艺如何，多酚会或多或少（每升几十至几百毫克）地存在发酵液乃至成品啤酒中。引起啤酒浑浊的多酚物质可分为儿茶酸类化合物和花色素原。

1. 儿茶酸类化合物

此类多酚包括大麦和酒花中存在的多量儿茶酸和少量的没食子儿茶酸、表儿茶酸、表没食子儿茶酸，它们除游离存在外，还常常以结合态存在。

2. 花色素原

花色素是一大类水溶性的植物色素，如花青素、花翠素。花色素在植物中以糖苷形式存在，称"花色苷"。

酒花中存在的主要是花色素的前体物质，现代酿造文献称其为"花色素原"。花色素原可分为两类。

（1）单体，如白花青素、白花翠素。

（2）由 2 个或 2 个以上的上述化合物结合的聚合物，常称"聚多酚"，它们的相对分子质量更大，更容易和啤酒中的蛋白质结合，造成啤酒的"永久浑浊"。

二、提高啤酒非生物稳定性的措施

1. 重视和强化蛋白质分解工艺

如糖化过程尽量使用蛋白质溶解好的麦芽，适当增加辅料比例，工艺上严格控制蛋白质休止温度、pH 值，使蛋白质分解完全。对于地产麦芽，可采用低温长时间蛋白质分解工艺（50℃ 60min 或更长一点时间，但最长不超过 80min）。

2. 减少多酚物质溶出，并有效沉淀麦皮中的多酚物质

多酚物质是造成啤酒非生物浑浊的主要物质。因此，可通过以下方法减少多酚物质。

（1）在选择大麦时，可选择皮壳含量低的大麦，因为大麦多酚物质主要集中于大麦谷壳及皮层，不同品种大麦中谷壳含量可以波动于 7%～13%（干物质）。也可将其在发芽前或后经过擦皮，使谷壳含量降至 7%～8%，有利于减少大麦及麦芽中的多酚。

（2）制麦时，用加 NaOH 的碱性浸麦水（pH10.5）浸麦，有利于多酚物质在浸麦中溶解，若用大麦重的 0.03％～0.05％甲醛水浸麦，可使大麦中多酚下降 50％以上。

（3）不同温度、pH 值条件下，麦壳中多酚物质的溶出量也不相同，温度越高，pH 值越高，多酚物质的溶出也越多。因此，糖化温度控制在 63～67℃之间，pH 值要求 5.2～5.4，尽量使用 pH6.5 以下的洗槽水，避免使用碱性水，残糖要求在 1.2～1.5°Bx，最低不低于 1.0°Bx，以减少多酚等有害物质的溶出。

（4）糖化用水中添加甲醛溶液是提高啤酒非生物稳定性的成功经验。

在糖化锅投入麦芽 10～20min 后，添加甲醛，使之与麦芽中的酰胺生成类似酰胺树脂的化合物，将多酚吸附而沉淀除去，对啤酒风味无影响，参考用量为每吨麦芽 550～650mL。现在不鼓励使用。

（5）在啤酒糖化配料中，增加无多酚物质的大米、糖类或多酚含量低的玉米等，可减少麦芽汁中总多酚含量。

（6）煮沸时尽可能添加不受氧化的酒花或无多酚酒花浸膏。

（7）添加蛋白质吸附剂，主要是硅胶和 PVPP，PVPP 是一种不溶性高分子交联的聚乙烯吡咯烷酮，商品名称"Polyclar"。PVPP 可吸附啤酒中的多酚，因此也会减少啤酒由于多酚氧化造成的"老化味"。

PVPP 在使用前，先要在脱氧水中吸水膨胀 1h 以上。PVPP 吸附不仅需要一定时间，而且要充分地和啤酒中多酚接触，不同型号的 PVPP 和啤酒接触时间不同。PVPP 过滤对啤酒浓度、总酸、色度、风味无明显影响，对泡沫也无影响，但苦味质有 3％～5％的下降。经 PVPP 处理的啤酒，一般非生物稳定性可延长 2～4 个月。目前已有可再生反复使用的 PVPP 产品，可降低使用成本。

（8）添加蛋白质分解剂，常用木瓜蛋白酶，可在贮酒时添加。因啤酒的类型不同，最适添加量一般凭经验求得。

多酚是啤酒潜在的浑浊物质。啤酒中总多酚的减少，可增加啤酒的非生物稳定性，但过多减少反而会影响啤酒的风味。

3. 提高煮沸强度，合理添加酒花

煮沸强度是影响蛋白质凝结情况的决定性因素，当煮沸强度在 8％～10％时，蛋白质凝结物呈絮状或大片状，沉淀快，麦芽汁清亮，此时测麦芽汁中可凝固氮含量，一般都在 15mg/L 以下。酒花的添加方法对啤酒的胶体稳定性也有较大的影响。酒花中单宁比大麦单宁活泼得多，因此，为了充分发挥大麦单宁的作用，更好地去除麦芽汁中的蛋白质，在不影响啤酒质量的前提下，尽量推迟添加酒花的时间。

4. 啤酒发酵结束后低温贮存

清酒中添加异维生素 C 钠或"酶清"，添加量为异维生素 C 钠 15～20g/t 酒，"酶清"（＞6000U）10mL/t 酒。可以在过滤前加入，但不要加量过度，否

则对泡沫有一定损害。在滤酒时，添加硅胶，利用它的强吸附力将高分子蛋白质吸附除去，与硅藻土混合使用时，添加顺序为粗土、细土、硅胶。使用量为200g/t酒。

5. 避免氧对啤酒质量的影响

在啤酒生产过程中，除酵母的繁殖外，其他任何工序氧都会影响啤酒的质量。如在糖化时，能使多酚物质氧化而使麦芽汁色泽加深，在后酵、滤酒、灌装阶段，氧的溶入会消耗啤酒的还原性物质；在成品中，它则能使蛋白质、多酚聚合而产生啤酒失光现象。因此在生产过程中应尽量避氧。

第二节　啤酒的生物稳定性

啤酒生物稳定性是指由于微生物污染而引起的啤酒感官及理化指标上的变化。

啤酒是麦芽汁通过啤酒酵母发酵并经过滤后得到的低度饮料酒，一般过滤后啤酒中仍含有少量的啤酒酵母、其他细菌、野生酵母等微生物，由于数量很少，啤酒外观是清亮透明的，如果放置一定时间后微生物重新繁殖到 $10^4 \sim 10^5$ 个/mL以上，则会使啤酒出现浑浊沉淀，称为生物稳定性破坏。

不经过除菌处理的包装啤酒称鲜啤酒，其生物稳定性仅能保持7~30天；经过除菌处理的啤酒，能保持长期的生物稳定性。

要提高啤酒的生物稳定性，可以采用以下两种方法。

1. 巴氏杀菌法（低热杀菌法）

大多数微生物细胞不耐温，在65℃左右保持数十分钟即可被杀死，由于这项技术是由路易·巴斯德首先发现的，故称为巴斯德杀菌法（消毒法），简称巴氏杀菌法。未经巴氏杀菌的啤酒称为鲜啤酒，经过巴氏杀菌的啤酒称为"熟啤酒"。

巴氏热消毒，不同于彻底灭菌，它杀灭对象仅仅是上述微生物的营养菌体，它也不要求全部杀死一切微生物，仅要求减少到不至于在产品中重新繁殖起来的程度。经过杀菌的啤酒生物稳定性高，啤酒保存期长，便于长期贮存和运输，但杀菌后容易造成啤酒风味损害，影响啤酒质量。同时，由于能耗大，酒损及生产成本高，因此啤酒生产正向无菌过滤法发展。

啤酒由于其呈酸性（pH3.8~4.5）、CO_2 浓度高、氧含量低，含有具有抑菌作用的酒花成分，因此啤酒中能存在的主要是兼性厌氧和微好氧微生物。肉、蛋类食品中可能存在肉毒芽孢杆菌、沙门氏菌等，肉毒芽孢杆菌孢子需在120℃数分钟才能杀灭，所以对于鱼、肉、蛋等食品，必须采用高温灭菌，而啤酒、黄酒、葡萄酒，可以采用温热巴氏消毒灭菌。

热对微生物的破坏，当温度超过最高生长温度后，致死性影响变得明显起来，热致死是一个一级指数函数，温度愈高，死亡出现越快即所需时间越短，以杀灭时间为横坐标、以细胞残存对数百分率为纵坐标，细胞致死率呈直线。

需注意的是瓶装啤酒在热消毒时，要留有一定的瓶颈空隙率（＞2.3％），否则瓶内压力会升高至超过瓶盖紧锁压力或瓶受压，从而导致漏气或炸瓶。这是因为啤酒热膨胀系数（0.00033）大于瓶玻璃热膨胀系数（0.000021），啤酒中 CO_2 溶解系数又和温度成反比，在啤酒消毒时，导致瓶内压力升高。

2. 无菌过滤法

即采用无菌膜过滤技术，将啤酒中的酵母、细菌等过滤而除去，经过无菌灌装得到生物稳定性很高的啤酒。经过除菌过滤的啤酒，日本称"纯生啤酒"。

由于纯生啤酒口味清爽、新鲜，很受消费者的欢迎，是啤酒未来发展的主要方向之一。

第三节　啤酒的风味稳定性

啤酒的风味稳定性是指啤酒灌装后，在规定的保质期内啤酒的风味无显著变化。啤酒的风味成分是多种多样的，到目前为止，已确认存在的化合物有醇、酯、羟基、含硫化合物、酒花成分、有机酸、氨和胺等达 200 种以上。风味即香气和口味，是人的视觉、嗅觉和味觉对啤酒的综合感受。

一、啤酒中风味物质的来源

啤酒的风味物质的来源主要有以下几个方面。

（1）原料如大麦、酒花等产生的物质；

（2）在麦芽干燥、麦芽汁煮沸、啤酒的热杀菌等工艺中，热化学反应产生的物质；

（3）由酵母发酵产生的物质；

（4）由污染微生物产生的物质；

（5）在产品保存过程中，受氧、日光等影响产生的物质等。在氧、光线、加热等条件下发生聚合、分解等化学变化，而使酒中风味物质的种类和数量发生变化，从而引起啤酒风味的改变。

二、啤酒中风味物质的分类

（1）啤酒中的连二酮类（双乙酰、2,3-戊二酮）及其前驱体。双乙酰的风味阈值为 0.15mg/L，极易给啤酒带来馊饭味。

（2）发酵副产物如醛类、高级醇、有机酸等。乙醛的阈值为 $20\sim25mg/L$，超过时产生酸的、使人恶心的气味。高级醇中具有光学活性的异戊醇的阈值为 $15mg/L$，非光学活性异戊醇的阈值为 $60\sim65mg/L$，超过时呈汗臭似的、不愉快的苦味，即所谓的杂醇油味。发酵中产生的有机酸主要是脂肪酸，其中以醋酸为主，啤酒生产控制总酸 $2.2\sim2.3mL/100mL$。饮用时，若挥发酸$>100mg/mL$，会使酸露头，酸刺激感强，表明啤酒已酸败。

（3）发酵副产物如硫化氢、二甲基硫等。硫化氢的阈值为 $5\sim10\mu g/L$，优良啤酒中只有 $1\sim5\mu g/L$。二甲基硫（DMS）是关心的焦点，其阈值为 $30\sim50\mu g/L$，超过时，啤酒呈腐烂卷心菜味。控制麦芽中的 DMS$<2\mu g/L$ 就可控制正常啤酒中的 DMS$<30\mu g/L$。

（4）发酵副产物如诸多酯类。己酸乙酯的阈值为 $0.37mg/L$，乙酸乙酯的阈值为 $14\sim35mg/L$，是啤酒的重要香气成分。

（5）酒花类物质，包括溶解物和挥发成分，其中香叶烯含量 $40\mu g/L$，有明显的酒花香气，异 α-酸能赋予啤酒苦味，通常检测的苦味质在 20BU 左右。

三、啤酒的风味稳定期

当今啤酒的酿造技术，可使啤酒非生物稳定性保持 $6\sim12$ 个月，个别可达 2 年。但风味稳定期还远远达不到如此长。一般在一个月左右就能品尝到风味的恶化，最优质的啤酒也只能保持 $3\sim4$ 个月，如不注意啤酒的风味稳定性，则在 $7\sim10$ 天就会明显感到啤酒风味的恶化。这种风味恶化，首先从酒花新鲜香味减少和消失开始，接着会产生类似面包和焦糖的味道，继而产生纸板味。经研究认为这是由于风味物质不断氧化引起的，所以，"氧化味"也称"老化味"。

啤酒从包装出厂至品尝能保持啤酒新鲜、完美、纯正、柔和风味，而没有因氧化而出现的老化味的时间称"风味稳定期"。

四、氧和氧化

老化是由各种风味物质复杂氧化和分解、化合的结果。氧参与了啤酒的老化。

1. 氧和氧化对啤酒的损害

（1）促进啤酒胶体浑浊：麦芽汁和啤酒中含有大量有巯基的蛋白质和多肽，受到氧化后形成双硫键，促进了蛋白质和多肽聚合，并形成浑浊物质。

（2）促进多酚物质氧化、聚合：多酚物质受到氧化、聚合会促进胶体浑浊，也将增加啤酒的色泽和形成涩味、后苦味、辛辣味，使啤酒协调的风味破坏。

（3）使 VDK 回升：包装啤酒中或多或少地存在 VDK 的前驱物质——α-乙酰乳酸，它可能是在发酵前期酵母形成的，一般在 $0.01\sim0.03mg/L$；也可能是在发酵后期细菌污染而形成的；或者是酵母在发酵后期出芽重新合成或酵母自溶时释放的。若包装啤酒中有较多的氧,能促进氧化脱羧反应形成 VDK。

(4) 破坏酒花香味和苦味:氧能促进酒花不饱和萜烯化合物氧化,形成饱和烃,丧失酒花的新鲜香味,形成烷烃臭和苦味。氧也能促进 α-酸的氧化,形成氧化 α-酸、β-树脂、γ-树脂,这些产物多给啤酒带来粗糙的苦味和后苦味。

(5) 产生老化味:促进啤酒中多种化合物的转化而形成老化味。

(6) 诱发喷涌病。

(7) 促进生物浑浊。

(8) 促进美拉德反应。

2. 避免啤酒氧化的措施

很多啤酒厂家对啤酒产量、理化指标、感官指标很重视,却忽略对啤酒中氧含量和瓶颈空气的重视,对氧的危害重视不够,从而影响啤酒口味稳定性及啤酒保质期。为把啤酒中氧量控制在理想水平,可通过以下措施避免啤酒氧化。

(1) 糖化过程减少氧的摄入

① 采取密封式糖化设备,在生产过程中尽量少打开人孔,减少空气的进入;醪液的泵送均应从底部导入,避免从上部喷洒倒醪,而造成大量空气吸入。糖化用水最好采用脱氧水,若不能采用脱氧水,则可先下投料水,待水温升至投料温度时再投料,以除去水中部分溶解氧。

② 醪液搅拌时应低速进行,尽量减少搅拌次数或不搅拌,避免醪液或麦芽汁形成旋涡吸入空气。

③ 麦芽汁的过滤应密闭进行,尽量缩短过滤时间。洗糟要正确执行操作规程,注意洗糟水的加入时间,不要在露出糟层以后加入,以防糟层吸氧。

④ 回旋沉淀槽麦芽汁进入时,可先从底部进入以防止氧化,同时尽量缩短麦芽汁在回旋沉淀槽内的滞留时间。

⑤ 对质量好的麦芽可采取复式浸出糖化法,糖化锅分段升温,减少导醪次数,防止氧过多吸入。

(2) 进行低温发酵   采取低温发酵,较长时间冷库存,减少醇类物质的过量生成,促进啤酒充分成熟,以提高啤酒风味稳定性。

(3) 实施二氧化碳备压   啤酒过滤、输送、灌装过程中的管道、容器实施二氧化碳备压,可有效地减少酒与氧的接触。实践证明,氧与啤酒接触时间越长,面积越大,温度越低,压力越高,啤酒中溶入氧越多。

(4) 降低瓶颈空气含量   啤酒瓶颈空气的减少,只有采取切实可行的措施才能实现。如用脱氧水充满灌酒机,用脱氧水进行硅藻土混合用于预涂和添加。灌装啤酒时采取排氧措施,如滴无菌水或滴清酒引沫排氧或振荡激沫排氧等方式,可将大部分空气排出,对防止啤酒口味过早老化是十分有利的。经检测与品尝,在几乎无空气条件下灌装的啤酒,长时间贮存后,虽然质量有所下降,但仍能保持啤酒特有的风味,而排氧差、瓶颈空气含量高的啤酒,在较短时间内啤酒品质就会变劣，并改变了啤酒应有的特性。

（5）抗氧化剂的使用　抗氧化剂（还原剂）在啤酒糖化、前酵、后酵、贮酒、清酒过滤、灌装等生产工序均可加入。啤酒的抗氧化剂主要有：偏重亚硫酸钠，葡萄糖氧化酶及蔗糖在碱性溶液中制取的还原酮。最常用的是维生素 C（又称抗坏血酸）及其钠盐及异抗坏血酸。

抗坏血酸最好在啤酒灌装前最短时间内加入，以防事先被氧化消耗掉。也可用亚硫酸盐（主要是二氧化硫）来替代抗坏血酸产品。添加亚硫酸盐对啤酒中异杂味如羰基化合物起到一定的掩盖作用，但其加量应严格加以控制。

第四节　啤酒的泡沫稳定性

啤酒泡沫是啤酒的一项重要质量指标，它包括泡沫的起泡性、泡持性、附着性能和泡沫的洁白细腻程度。

啤酒泡沫与大麦品种、酵母菌种、制麦和酿造方法密切相关。过分溶解的麦芽，糖化时过分的蛋白质分解，过分的麦芽汁过滤，过急的酒液冷却速度，过迟的酵母回收时间，过长的贮酒期，过低的二氧化碳含量，啤酒中过多的脂肪酸含量以及酵母自溶等，都对泡沫不利。

蛋白质是影响泡沫最主要的物质，蛋白质中哪部分最具有泡沫稳定作用，至今仍在探索中，说法不一。总之，高、中分子量的疏水性蛋白质对泡沫是有利的，在生产过程中，啤酒中应尽量保存这种天然泡沫稳定剂的适当含量。

一、啤酒的泡沫性能

啤酒泡沫性能主要表现在以下几方面。

1. 啤酒的起泡性

当啤酒注入杯中，酒液上部应有 1/3～1/2 容量的泡沫存在，此时的泡沫应洁白细腻，状似奶油。

2. 啤酒泡沫的持久性

啤酒注入杯中，自泡沫形成至泡沫崩溃所持有的时间为啤酒的泡持性。良好的啤酒泡沫，往往饮用完毕后仍未消失。

3. 啤酒泡沫附着力

啤酒泡沫的附着力，通称啤酒挂杯情况。优良的啤酒，饮用完毕后，空酒杯的内壁应均匀布满残留的泡沫，残留的泡沫愈多，说明啤酒泡沫的附着力愈好。

以上 3 种泡沫性能形成的因素不一定完全相互有关，但至少后两者是以前者为前提的，啤酒没有起泡性，就谈不到泡沫持久性和泡沫挂杯了。

二、影响啤酒泡沫的主要因素

1. 表面张力

低表面张力的物质有利于泡沫形成，啤酒中一些表面活性物质，如蛋白质、酒花树脂等都属此类物质，有利于啤酒泡沫的形成。

2. 表面黏度

高的表面黏度有利于泡沫持久性和泡沫挂杯。异 α-酸、镍盐和钴盐均有利于增强啤酒表面黏度，对啤酒泡沫的持久性和挂杯性能是有利的。

3. 啤酒黏度

高黏度的物质，易形成强度较大的界限薄膜，使形成泡沫的气泡不易消失，有利于泡沫持久性。蛋白质和麦胶物质均有这方面的作用。

4. 泡沫黏度

增加泡沫黏度，易形成细微的气泡，使泡沫如奶油状，泡沫性强，酒精和异 α-酸均有这方面的作用。

三、啤酒中对泡沫有负面影响的物质

1. 脂肪酸

啤酒中含有多种饱和的和不饱和的脂肪酸，这些脂肪酸对啤酒泡沫影响很大，特别是不饱和脂肪酸的影响更大。

啤酒中的脂肪酸含量一般不会超过极限值，但在特殊情况下，如原料的含油量高，麦芽汁过滤不清，麦糟洗涤过分，酵母菌种特殊，都可能增加啤酒的脂肪酸含量而造成泡沫问题。遇到这种情况，分析和检查脂肪酸含量就是必要的了。

脂肪酸对泡沫挂杯的影响较对泡沫持久性的影响尤为严重。

2. 高级醇

高级醇是啤酒发酵的代谢产物，也是严重的消泡剂。不过啤酒中的高级醇含量一般不会影响到它的泡沫性能。

3. 碱性的 α-氨基酸

某些碱性的 α-氨基酸，如精氨酸、赖氨酸和组氨酸都对啤酒泡沫附着力有负面影响，尤以精氨酸为甚。这些氨基酸对异 α-氨基酸和蛋白质之间形成的离子键（ionic bonding）有抑制作用，从而对泡沫有影响。

四、改进啤酒泡沫的措施

1. 生产工艺方面

（1）麦芽溶解度要适当，过分溶解的麦芽，蛋白质分解过分，高、中分子氮相对减少，将降低蛋白质作为天然泡沫稳定剂的作用。

（2）使用某些谷类辅料，特别是使用小麦为辅助原料，可以增进泡沫性能，因为小麦所含糖蛋白比较高，对改进泡沫性能尤为显著。

（3）根据麦芽的溶解度，适当控制糖化时的蛋白质分解温度。对溶解良好的麦芽，蛋白质分解温度宜控制在 55℃ 左右，甚至取消蛋白质分解阶段，以提高高、中分子蛋白质含量，对泡沫是有利的。

（4）适当调节麦醪和麦芽汁的 pH 值，麦醪 pH 值控制在 5.6 左右，麦芽汁 pH 值控制在 5.2 左右，对泡沫是有利的。

（5）麦芽汁过滤要清，麦糟洗涤适可而止，以免麦芽汁中带入多量脂肪酸，影响泡沫性能。

（6）选择酵母应选择分泌蜜二糖酶和蛋白质分解酶少的菌种，对泡沫是有利的。

（7）麦芽汁加酒花煮沸，能增进啤酒泡持性，并赋予泡沫挂杯的性能，这主要是异 α-酸的作用。不加酒花的酒，虽能形成良好泡沫但不挂杯；加同量酒花，如过分延长麦芽汁煮沸时间，泡沫挂杯性能虽增强，但因某些有利于泡沫的蛋白质凝结析出，啤酒的泡持性反而降低。因此，高酒花用量和适中的麦芽汁煮沸时间对啤酒泡沫是有利的。

（8）啤酒的成熟时间不宜过长，否则酵母分泌蛋白酶过多，也影响泡沫性能；应防止酵母自溶，避免大量蛋白酶释入啤酒，影响泡沫。

（9）发酵完毕的酒液，降温不宜过激，避免刺激酵母多量分泌蛋白酶而影响泡沫。

（10）发酵温度过高（＞12℃）对泡沫不利，采取低湿发酵、后期提高温度对还原双乙酰的工艺是有利的。

（11）保持适当的贮酒时间，使二氧化碳饱和在酒内。二氧化碳含量不足，将直接影响泡沫的形成。

（12）形成的泡沫中含有较多的泡沫稳定物质。在生产过程中，形成的泡沫愈多，损失的泡沫稳定物质也愈多，相应地啤酒中的泡沫稳定物质就少了，啤酒的泡沫性能也就差了。因此，发酵以后，啤酒的输送一定要稳，避免涡流，尽量防止啤酒在管道或容器内起沫，以免增加泡沫稳定物质的损失。

密闭发酵的啤酒泡沫性能好，也与发酵时生成的泡沫少有关。

（13）在酿造过程的每一环节，应防止油类物质混入麦芽汁或啤酒中。

（14）使用四氢异构 α-酸浸膏，能显著地改善啤酒泡沫性能。

2. 泡沫稳定剂

有人为了增加泡沫性能，常添加泡沫稳定剂。泡沫稳定剂已有多种商品问世，兹举数例如下。

（1）蛋白质水解物　蛋白质进一步降解为较低分子量的蛋白胨类，可用作泡沫添加剂，其添加量为 5~10g/100L，已有的蛋白胨制品，如普菲柴尔 P/L400，已在生产上应用。

（2）金属盐　镍盐和钴盐对改进啤酒泡沫性能效果很好，但由于其毒性问题和对非生物稳定性有负的影响问题，一般都不加镍、钴盐，而改用铁盐，铁盐用量应控制，否则对啤酒口味和非生物稳定性均有不利影响。已有的商品如奥布提蒙斯系有机铁盐。

（3）琼脂、藻朊酸及其衍生物　这是一类黏性的高分子物质，添加量为 50mg/L。

（4）阿拉伯胶　麦芽发芽完毕，在干燥前数小时，喷洒阿拉伯胶，然后上炉干燥。用这种麦芽制造啤酒，啤酒的泡沫性能较好。

有些泡沫稳定剂虽能增进泡沫，但与啤酒本身所含的泡沫稳定物质是有差异的，泡沫外观并不真实，也影响口感，一般情况下以不采用为宜。

第八章 啤酒生产的废水处理和副产物利用

第一节 废水处理

一、概述

啤酒工业的生产规模是比较大的，世界上有许多年产百万吨以上的大厂，一些大厂每天都要集中地排出大量废水，容易造成水源的污染。根据国外统计，废水不经处理的啤酒厂，每生产100t啤酒所排出废水的生物需氧量（BOD值），相当于14000人生活污水的BOD值，悬浮固体（SS值）相当于8000人生活污水的SS值，其污染程度是相当严重的。因此，20世纪60年代后期，关于啤酒厂的工业废水处理问题，开始被重视。在国外，一般新建厂都要根据当地市政要求，设置一定的废水处理措施，或自建废水处理场。

处理废水与啤酒厂所处地点有关。如在郊区，应与政府管理部门研究，本厂设置废水预处理措施，将污水处理至政府管理部门要求的程度，然后排放至市区污水系统。

对于废水处理问题，不能孤立看待，还应考虑对环境的影响问题，例如噪声和异臭，否则，废水处理本身也许是满意的，但对环境造成另外的污染，同样不能被接受。

国内啤酒厂的规模也在发展中，啤酒工业废水处理问题，已被提到日程上来。随着啤酒工业日益发展，建厂规模日益扩大，啤酒废水排出量将越来越多，污染程度也会变得严重起来，在扩建和新建工厂时，对废水处理问题应予以高度重视。

二、废水污染强度的表示方法

废水污染强度可用以下参数表示。

1. 生物需氧量（biochemical oxygen demand，BOD）

BOD 指废水在 20℃下 5 天内，利用微生物分解有机物所需的氧量，由此测出的只是生物氧化有机物所需的氧量。以 mg/L 表示之。

2. 化学需氧量（chemical oxygen demand，COD）

COD 指在接触剂的存在下，用酸性重铬酸钾与废水共沸，以氧化废水中可氧化物质所需的氧量，以 mg/L 表示。

化学需氧量的测定中需要 10h，而生物需氧量的测定则需 5 天。因此，测定化学需氧量显然是有利的。但在实用中 BOD 值对设计废水处理厂仍具有很高的实用价值。

化学需氧量和生物需氧量之间，没有一定的比例关系，视水中所含的成分而定，对啤酒厂的废水来说，COD/BOD 一般为 1.25～1.50，或 BOD/COD 为 0.67～0.80。

3. 悬浮固体（suspend solid，SS）

悬浮固体指废水中所含的悬浮固形物，以 mg/L 表示之。它的重要性在于废水处理时，可能堵塞处理设施而影响氧化效果，以及固形物所需要处理的量。

此外，废水的 pH 值和温度都对生物氧化作用有影响，也是废水处理中应考虑的因素。啤酒厂废水的 pH 值一般在 5～10 范围内，波动较大，pH 值控制在 6～9 是适宜的；温度应不大于 43℃。

三、啤酒工业废水的性质和污染来源

1. 啤酒厂工业废水的性质

啤酒厂排出的废水，具有高强度的有机物污染和一定浓度的悬浮固体。这些废水是从工厂各个工序排放出来的（图 8-1），简单地可分 3 类。

（1）大量的冷却用水，洗瓶最后的冲洗水，氨压缩机、空气压缩机的冷却水及其他未被污染的水，这部分水比较清洁，应考虑回收利用，以减低废水的排放量。

（2）含有大量有机物的废水，这部分水主要来自酿造车间。废水中有些物质，如废麦糟水、废酵母、热冷凝固物等，应尽量作为副产品回收利用，既能增加工厂收入，又可减轻废水污染程度。

（3）含有无机物的水，这部分水主要来自包装车间。

啤酒本身是用水制造的，啤酒厂的总用水量和啤酒产量之比，一般为（5～12）：1，视工厂规模、生产工艺、生产管理和废水再利用情况不同而有较大的波动。如果冷却水等未被污染的水加以利用，可减少约 50% 的用水量，废水排放量也就随之减少。近年来，迫于水价和废水处理费用愈来愈高，啤酒厂也加强了

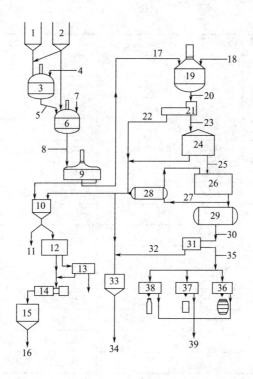

图 8-1 啤酒酿造各工序排出废物示意图

1—辅料贮箱；2—麦芽贮箱；3—糊化锅；4—热水；5—糊化醪；6—糖化锅；7—热水；8—糖化醪；
9—过滤槽；10—湿啤酒糟；11—湿糟装运；12—脱水设备；13—废啤酒糟水；14—啤酒糟干燥设备；
15—干糟贮仓；16—干糟装运；17—麦芽汁；18—酒花制品；19—麦芽汁煮沸锅；20—麦芽汁和酒花；
21—酒花分离器；22—废酒花糟；23—麦芽汁；24—麦芽汁沉淀槽；25—麦芽汁；26—发酵罐；
27—酵母泥；28—酵母系统；29—后酵罐；30—啤酒；31—滤酒机；32—过滤废物；33—废料；
34—废料处理；35—啤酒；36—桶装线；37—罐装线；38—瓶装线；39—废水排放

管理，用水量和啤酒产量之比及废水处理量将会进一步减少。

2. 啤酒厂废水污染来源

啤酒厂废水中，其化学需氧量和悬浮固体的主要来源如表 8-1 所示。

表 8-1 啤酒厂废水的污染来源

污染来源	COD/(mg/L)	SS/(mg/L)	污 染 物
麦芽汁煮沸锅	210	低	麦芽汁残余
过滤槽	9600	2000	糖化醪残留物
回旋沉淀槽	60000	28000	麦芽汁和凝固物沉渣
发酵罐	92000	—	酵母残留物和凝固物沉渣等
储酒罐	80000	—	酵母残留物和凝固物沉渣等

污染来源	COD/(mg/L)	SS/(mg/L)	污　染　物
硅藻土过滤机	20000	40000	硅藻土、酵母、蛋白质沉淀等
清酒罐	4800	—	啤酒及微细有机残留物
滤酒机	100	34	啤酒
装酒机	4200	—	啤酒
生酒桶洗涤机	1600	100	啤酒及其他固形物
酒糟干燥机	20000	15000	麦芽汁及糖化醪残留物
洗瓶机(初洗)	500	125	啤酒及其他固形物
废酵母	180000		
硅藻土滤饼	70000		
杀菌剂溢流废水	15	20	
洗瓶机(最后冲洗水)			基本洁净,但不能饮用,可考虑循环利用
冷凝器			基本洁净,但不能饮用,可考虑循环利用
压缩机冷却水			基本洁净,但不能饮用,可考虑循环利用
二氧化碳洗涤水			基本洁净,但不能饮用,可考虑循环利用
水处理设备			基本洁净,但不能饮用,可考虑循环利用

四、啤酒工业废水的污染强度

（1）废酵母和各种蛋白质凝固物是造成啤酒废水的主要污染源。1g 干酵母的 COD 负荷约为 0.559，各种蛋白质残留物的 COD 负荷仅略低于此值。

（2）啤酒本身的 COD 值很高，在 130000mg/L 以上，相当于 200 倍以上生活污水的 COD 值；1 瓶啤酒的 COD 值几乎相当 1 个人 1 天排出生活污水的 COD 值。因此，在生产中，应尽量减少发酵、贮酒、滤酒和包装等工序的啤酒流失。

（3）洗刷酿造设备的废水中，都会有大量的 COD 值。

（4）废水未经处理的啤酒厂，其排出废水的 COD 值，一般在 1300～1800mg/L 之间，较一般生活污水高 3～4 倍。大量的啤酒废水排出，将造成市政污水处理的困难。因此，啤酒厂本身应设法将一些能避免的污染因素排除，例如：将一些可以回收利用的物质尽量回收，不排入污水中。

（5）啤酒厂废水污染强度实例。

① 年产 60000t 的中型啤酒厂。

② 废物利用情况：废酒糟以湿态出售；废酒花糟单独处理；酵母、蛋白质凝固物和硅藻土滤泥等全部由污水沟排放；清洁废水不回收利用。

③ 根据 5 天排放实例数据，每日排放的污水中约有 5000kg 的 COD 负荷，

废水的分析结果如下。

化学需氧量	1800mg/L
悬浮固体	400mg/L
总固体物	1000mg/L
生物需氧量/化学需氧量	0.70
pH 值	7.5~9.5

五、啤酒厂降低废水污染强度的措施

对强污染源的处理，有三方面应重视，即：防止和减少；循环利用；收集处理。如果管理得好，防止和减少废糟水、麦芽汁、啤酒、酵母等进入废水，可降低 75% 的废水负荷。

(一) 废酒糟的处理

啤酒厂的废酒糟是大量的，每生产 1t 啤酒，就可产生约 0.1t 的湿酒糟。啤酒厂的酒糟都是作为饲料出售，分干、湿两种。干糟系将湿糟先经压滤机或离心机脱水，将此半干之糟直接出售，或再经干燥设备干燥后出售。干燥后的酒糟便于保藏和运输，但设备费用高，国内外只有少数大厂采用。经压滤或离心析出的废糟水，COD 值仍很高，有干燥设备的工厂，可将此废糟水再经离心，然后浓缩，与离心后的固体部分混合均匀，送至麦糟干燥设备干燥之；或将此废糟水再返回糖化室利用，可增加麦芽汁得率 1%，减少酿造用水 5% 和减少废糟干燥消耗热量的 14%。此废糟水只要不污染，回收并及时处理，对啤酒质量和啤酒的稳定性无大影响。

出售湿糟，在运输管理方面必须加强，否则也会造成环境污染。

(二) 废酵母的处理

废酵母来自两方面。

(1) 主发酵的剩余酵母，质量比较好，可经干燥，制成酵母粉或制成酵母浸膏；也可以酵母为原料，提取酶、核酸及核苷酸等物质。

(2) 贮酒时的沉淀酵母，杂质多，质量差，一般多随污水排出。排出污水后，由于酵母易漂浮起来，造成污水处理的困难。改进的办法是将酵母经蒸汽处理，破坏其酶活力，经处理后的固体部分很易沉降下来，上部液体仍排入污水中，但不再起沫；下面固体部分按比例加入废酒糟中，可以制成很好的饲料。酵母本身的 BOD 值，由此可减低 50%。

(三) 蛋白质凝固物的处理

主要指来自麦芽汁沉淀槽或回旋沉淀槽中沉淀下来的热凝固物，其成分大部分是蛋白质。

麦芽汁从沉淀槽放出后，其沉渣可先经压滤机，滤出其中所含的麦芽汁，加入下批煮沸麦芽汁中。滤后的热凝固物，加入过滤槽中，与酒糟混合，一同排出出售。

酵母和热凝固物都含有丰富的蛋白质（表 8-2），将这些废物回收，掺入酒糟中。既减轻污染，回收财富，又能提高饲料的营养价值。

表 8-2　废啤酒糟、废酵母和蛋白质凝固物的成分分析　　单位:%

成分	啤酒糟	废酵母	蛋白质凝固物
干物质	20.0	11.5	16.8
粗蛋白	6.13	4.8	5.8
脂肪	1.77	0.13	0.25
纤维素	2.98	0.35	0.20
钙	0.08	0.015	0.047
磷	0.12	0.17	0.043

（四）废酒花糟的处理

废酒花糟内含有部分蛋白质和热凝固物，多直接排放，或作为肥料处理。这部分废料的 COD 值虽不很高，但能增加废水中的固体物，如果将其以 10% 的比例掺入酒糟中，一同干燥，作为饲料用，其效果也是很好的。

（五）硅藻土废料的处理

凡用硅藻土作为滤酒的助滤剂，滤后多以水冲洗此滤饼成浆状，直接排放。硅藻土本身不分解，但滤饼内含有酵母和蛋白质沉淀等，能增高废水的 COD 值和 SS 值约 10%。

有的厂设置澄清槽，将冲洗下来的滤饼浆水送至澄清槽，其固体部分沉淀下来，另作处理，液体直接排放。这样处理的结果，COD 值虽降低不多，但可降低废水中的固形物。

（六）废水 pH 值的控制

控制啤酒废水排放指标，除 COD 值和 SS 值外，还应严格控制废水的 pH 值。啤酒废水的 COD 值、SS 值和 pH 值，一日之间波动很大，如果直接排入市政污水系统，会给污水处理带来困难。应在排放前，设置平衡槽，将 pH 值调节为 6～9，并进一步平衡废水的 COD 值和 SS 值。

啤酒废水极易腐败，在平衡槽停留的时间也不能过长。

经过上述措施处理，啤酒废水的 COD 值可降低约 50%，余下的污染来源主要是从压滤、过滤、罐酒和洗刷的废液而来，其污染程度仍然很高，应根据市政要求，先做预处理，然后排放。

很明显，废水的有机负荷增加，处理废水的效率也必须提高，才能使最后处理的废水达到要求标准。例如：废水 COD 值为 1000mg/L，处理效率为 98%，处理后的废水含有机负荷为 COD 值 $= 1000 \times (1 - 0.98) = 20 (mg/L)$。如果废水中 COD 值为 2000mg/L，废水的处理效率必须提高至 99.0%，才能使最后废水的 COD 值达到原来的 20mg/L。

六、啤酒工业废水的处理方法

啤酒工业的废水处理应根据当地市政要求进行，有的需要建立自己的废水处理场，处理后的水直接排放至受纳水体；有的需要在厂内将废水先经过一定处理，减轻污染强度，达到一定要求后，排放到市政污水系统内。在建立自己的废水处理场时，需先进行一些有代表性的试验，找出数据，然后建设。建场的规模和设施应根据废水容量、性质、污染强度、当地水质要求和排水纳体的稀释能力等来决定。因此，同样规模的啤酒厂，因为设置地区不同，对废水处理就会有不同的要求。不管怎样，解决麦芽厂或啤酒厂废水处理的前提是在厂内先尽量减轻废水污染程度和排放量，一些无污染、可循环利用的水应尽量设法利用，稍有污染的水，也可用于洗刷地面。只有这样，才能减轻处理废水的负担，减少建设投资和一些技术上的困难。

啤酒厂废水的性质和一般生活污水性质比较接近，都采用好氧生物处理系统，含有大量的有机物。处理的方法大都利用细菌充分分解有机物而减轻污染。

废水采用生物处理方法，对环境、生态和经济最为有利。产生的自由能，可用于生长细胞所需化合物的合成。

好氧生物方法处理废水，影响处理效果的因素有以下几点：温度、营养水平、pH 值、细菌污泥浓度、被处理水的有机负荷浓度、流量平衡、负荷平衡、曝气处理时间等。其处理过程，大致可分以下几个阶段。

（1）废水流量的平衡。

（2）筛分去除固形物。

（3）加营养盐和调节 pH 值。

（4）废水的第 1 次沉降。

（5）通风供氧、生物氧化有机物。

（6）废水第 2 次沉降。

（7）污泥的排除。

对于好氧生物处理方法，国外已有很多不同的处理经验可供借鉴，如活性污泥法，不管采用哪种方法，最后的处理效果必须达到如下要求。

（1）达到排放要求的 CCD 值和 SS 值。

（2）运转简单，维持方便。

（3）不存在环境污染和产生异臭和噪声的问题。

（4）结构紧凑，运行无障碍。

（5）经济合理。

（一）活性污泥法

这是处理高强度废水比较成功的方法。

（1）啤酒废水是高强度的有机废水，在大城市用活性污泥法处理较好，占地面积小，但运行费用较高。

（2）用活性污泥法处理啤酒废水，因废水的COD值高，用一般通气设备，很难使曝气的溶解氧达到满意的水平。在低溶解氧情况下，球壳霉容易繁殖而造成污泥膨胀，不易沉淀。采用纯氧曝气法，或采用压缩空气扩散器和机械充气器供氧，可以改善污泥膨胀问题。也可采用完全混合活性污泥法，即流入的废水与返回的污泥在曝气池内均匀地混合而避免污泥膨胀，但有机负荷应低一些。啤酒废水和生活污水混合处理，可以大大改善污泥的沉降性。

（3）为了使有机物进行快速而有效的生物氧化，采用活性污泥法，废水中的氮和磷应保持一定浓度，其COD：氮：磷的适宜比率约为100：6：1。啤酒废水中含氮量比较低，而生活污水含氮量相对较高，因此两者混合处理的办法是比较合理的，否则就要另外添加营养盐。

（4）此法受有机负荷变动的影响比较大，如果设置平衡槽，采用自控设备进行监督，可以适当解决有机负荷变动的问题，但投资费用比较大。

（5）采用活性污泥法产生大量污泥，处理比较麻烦。最大的困难是污泥含水量高（固形物只占约1%），脱水难。虽然采用一些浓缩的办法，如离心分离、空气浮选法、真空过滤、叶片式压滤机压滤、带式压滤、多效蒸发等方法能不同程度地提高固形物的浓度，然后用于农田作为肥料（如果附近有农田，稀的污泥可直接用于灌浇农田）或掺入动物饲料中。采用上述浓缩方法，费用均比较高，甚至高过废水处理总运行费用的50%。活性污泥处理废水的流程及设备布置如图8-2及图8-3所示。

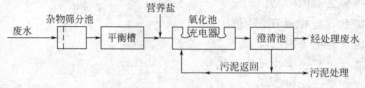

图8-2　活性污泥处理废水流程

（二）生物滤池法

此法系将有机废水流经固定生长在惰性岩石或砂砾上的细菌和其他微生物所形成的滤床，进行排污的方法。

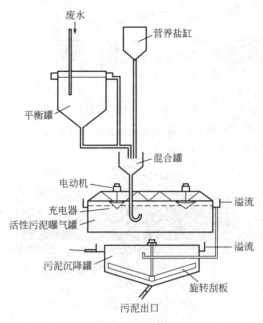

图 8-3 活性污泥法设备布置

（1）此法技术管理比较简单，运行费用低，产生污泥少，但占地面积大，易产生臭气，是其缺点。

（2）生物滤池法，又叫细菌滤床法。其滤床系由惰性的天然滤料（碎岩石、砂砾、炉渣等）所铺成，铺层约 2m 高，滤床上被覆着细菌和其他微生物形成的黏层。此黏层的形成不致堵塞滤床间隙，而且空气可以自由流通滤床，废水通过旋转的分配臂从滤床上部流下。如果废水的污染度高，可将处理后的水进行部分回流，进行稀释；废水中如 SS 值过高，需先进行过筛，去除部分固形物。

（3）较大的厂可用交替双池过滤（两池串联进行，轮换交替），或几个滤池串联-并联使用，效果更好。

（4）为了增加废水中的氮源和磷源，啤酒废水和生活污水混合处理比较好。如采用 70％啤酒废水和 30％生活污水混合处理，并采用交替双池过滤，效果较好，可以避免产生污泥膨胀的问题。

（5）快速生物滤池法是以塑料滤料（由聚氯乙烯、聚苯乙烯、聚丙烯等制作）代替天然滤料。此种滤料质轻，强度大，具有生物惰性和化学稳定性的特点，可置于塔式过滤设备中（塔高 3～12m，占地面积小），节省地面。此种方法负荷能力较一般生物滤池法高几倍到十几倍，但其处理效果不是很好，对高污染强度的啤酒和制麦废水，只能去除 50％的 COD 值，能达到适合排放至市政污水系统的要求，达不到直接排放到受纳水体的标准。生物滤池法的生产流程和设备剖面图如图 8-4 及图 8-5 所示。

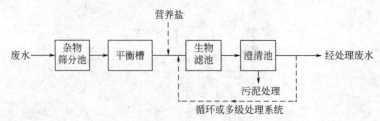

图 8-4 生物滤池法处理废水流程

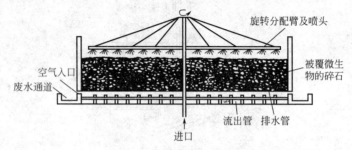

图 8-5 生物滤池法设备剖面图

（三）氧化塘法

氧化塘法是活性污泥法延长通风过程的变革法。此法系荷兰人派司维尔（Passveer）所开发，其投资和运行费用均较活性污泥为低。

（1）此法是活性污泥法的一种特殊形式，在气候条件适宜和有广大地面的地方。氧化塘法是个比较经济而简单的方法，可用于有机污染较强的工业废水处理。

（2）氧化塘法的处理过程，常常只需将废水在塘内贮蓄一定时间即可，停留时间决定于废水的性质，池塘的面积、深度、水温、供氧状况及所需净化的程度等。

（3）氧化塘法的主要技术条件是维持好氧条件，使有机物的生物氧化率不超过曝气率。因此，池塘要浅，一般为1m左右，必要时人工供氧，利用一鼓风搅拌器使塘水流动，最后流经静置池，使水与污泥分离。沉降的污泥，定期排除，用作肥料。

（4）采用人工曝气比自然曝气可以大大缩小塘的容积，如果采用纯氧曝气，效果更好。

（5）如废水中SS值比较高，在进入氧化塘前，可先经细筛过滤。

（6）制麦废水适于利用氧化塘法进行处理，其处理过程和效果，举例如下：废水先经过筛，然后送至平衡槽，在此的混合液流经氧化塘曝气后，连续流入沉淀池或沉淀槽，废水与污泥分离，污泥定期排放处理。

氧化塘法COD值的去除率比较高，费用则较普通活性污泥法降低1/3～1/2。

由于好氧废水处理方法需要大量通风，耗电几乎要占啤酒厂耗电总量的1/2以上，并产生多量污泥，难于处理，费用浩大，故近年来，啤酒厂开始对厌氧生物处理废水技术产生兴趣。目前，用厌氧法处理废水的厂尚不多，在西方国家的啤酒厂，已有这样的废水处理厂，投资比较大。其方法主要在密闭容器内，利用细菌在厌氧条件下，消化有机物产生甲烷的原理，在37℃下，维持特种的细菌菌体，使高COD的有机物产生甲烷化反应。此甲烷化反应包括两步反应：第1步先产生二氧化碳、氢气和挥发性的低级脂肪酸，如乙酸、丙酸、丁酸以及乳酸等；第2步脂肪酸转化为甲烷。如图8-6所示。

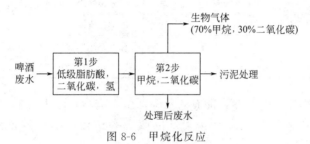

图 8-6 甲烷化反应

厌氧法产生的污泥为活性污泥法的1/3～1/5。

厌氧处理方法，细菌生长缓慢，得率只有0.55g/L左右。厌氧反应罐的体积比较小，占地面积少，但可降低COD值的75%，降低SS值约55%。产生的甲烷，可用于燃烧锅炉、气体引擎或热交换器。不利的方面是启动时间长，对废水负荷和成分的变化敏感；投资费用大。

目前，在国外趋向采用厌氧和好氧结合的两级处理法，即先通过厌氧法处理掉90%的COD，再利用好氧处理，进一步完善。整个废水的处理包括6个步骤：筛分去固体物，平衡负荷，调节pH值，厌氧处理，好氧处理，污泥的浓缩脱水。从厌氧消化中产生的甲烷，用于蒸汽锅炉，可节省燃料；产生的污泥在脱水前与废硅藻土混合，可脱水65%。

第二节 副产物利用

一、麦芽制造和啤酒酿造的主要副产物及其产量

啤酒酿造生产过程中，产生很多副产物，主要有：糖化的麦糟和废酒花糟、冷却的沉淀蛋白质、发酵的剩余酵母和二氧化碳等。

麦糟及沉淀蛋白质是很有价值的饲料；废酒花糟及酵母，可以利用其所含的有效成分，制造出有价值的药品；二氧化碳可以回收再利用于啤酒生产，用以改进工艺，提高质量和缩短啤酒生产周期，多余的部分还可制成液体二氧化碳，供应有关部门。

上述各项副产物的产量，由于采用的工艺、设备和原料不同而有较大差异，在一般情况下的产量如表 8-3 所示。

表 8-3　啤酒生产过程中的主要副产物

工序	副产物名称	产量	备　注
糖化	啤酒糟	110~130kg/100kg 投料量	湿啤酒糟水分含量约为 80%
	酒花糟	约为酒花投料量 3 倍	水分含量约为 80%
冷却	沉淀蛋白质	3~7kg/1000L 麦芽汁	以干物质计
发酵	酵母	1~1.5kg 干酵母/1000L 啤酒	视菌种及工艺变化较大,主发酵酵母占全部 2/3
	二氧化碳	约 50kg/1000L 啤酒	12°P 啤酒的理论产量

合理地利用这些副产物，能有效地降低生产成本，减少污染，有一定的经济和社会效益。因此新厂的基建，老厂的改造和扩建，都应考虑副产物的利用问题。

二、副产物的利用

(一) 麦糟

麦糟又称啤酒糟或酒糟，是啤酒厂最大量的副产物。每投入 100kg 原料麦芽，产湿麦糟 110~130kg（根据麦芽及辅料配比不同而异），含水分 80% 左右，以干物质计为 25~30kg。

麦糟由于生产工艺和使用原料不同，尚含有一定数量的可洗出浸出物 0.3%~3.0% 和可溶出浸出物 0.6%~3.0%。全麦芽糖化湿麦糟和干麦糟的平均组成如表 8-4 和表 8-5 所示。

表 8-4　全麦芽糖化湿麦糟成分

成分	水分	蛋白质	可消化蛋白质	脂肪	可溶性非氮物	粗纤维	灰分
含量/%	约 80	5	3.5	2	10	5	1

表 8-5　全麦芽糖化干麦糟成分

成分	蛋白质	脂肪	无氮浸出物	粗纤维	灰分	营养值/(kJ/kg)
含量/%	28.0	8.2	41.0	17.5	5.2	21000

麦糟的营养价值很高，用作饲料是比较理想的。如果将从麦芽汁回收的沉淀蛋白质和废酵母掺入其中，则营养价值更高。

湿麦糟水分大，营养丰富，易染菌腐败，不宜久放。一般啤酒厂都是及时将湿糟出售给畜牧场，防止微生物大量繁殖，降低其营养价值并污染环境卫生。

夏季大量做酒，麦糟的量是很大的，麦糟的处理就会严重起来。为防止麦糟腐败，可先进行干燥，以干糟出售，可耐贮藏。麦糟干燥需小心进行，避免破坏麦糟中的营养物质，以采取低温干燥为宜。麦糟干燥机有间接加热（蒸汽、热水）形式的列管干燥机或转鼓干燥机；也可采用热气流干燥机，在干燥之前，先将湿糟通过锥形螺旋输送机进行压榨，将水分降至60%，以减轻干燥负担，但同时也损失了部分营养成分。应将此压出的压榨液，进行沉淀，仍加入麦糟中，避免增加废水的污染程度。干燥后的麦糟，可放入铁仓或钢筋水泥仓中贮存，或直接装袋出售。也可将其粉碎，制成颗粒饲料出售。

也有人采取青贮法，将湿麦糟置于地窖内，用纯粹培养的乳酸菌接种，使之进行乳酸发酵。

目前国内啤酒厂大都以湿态出售，个别厂有麦糟干燥车间。随着啤酒产量日益扩大，环境卫生要求也愈来愈高，酒糟处理问题应予以重视。

（二）酵母

在啤酒生产过程中，每生产1000t啤酒，有1～1.5t剩余酵母产生。其中2/3是主发酵酵母，这部分酵母质量比较好，活性高，杂质少，是酵母可利用的主要部分，回收之后，部分做接种酵母用，多余部分经低温干燥后，作为制药原料。其他1/3是后发酵酵母，在贮酒过程中，与其他杂质共同沉淀于贮酒罐底，质量比较差，颜色比较深，过去一般弃置不用，排放下水道内，造成环境污染，近年也逐渐被利用起来，利用滚筒干燥机干燥后，作为饲料用。

1. 酵母的成分与营养

酵母含有丰富的蛋白质，以干物质计，其含量约为50%。这些蛋白质由各种氨基酸组成，主要的氨基酸有：丙氨酸、苯丙氨酸、胱氨酸、色氨酸、蛋氨酸、苏氨酸、缬氨酸、亮氨酸、脯氨酸、精氨酸、组氨酸、赖氨酸、天冬氨酸及谷氨酸等，这些氨基酸绝大部分是人体和动物所需要的氨基酸。因此，酵母不论作为人类食品或动物饲料都是有价值的。

另外，酵母含有丰富的B族维生素，其含量之多和全面被认为是食物中独一无二的。

酵母含有丰富的有机磷，其量占总灰分的40%以上，这些有机磷是组成核酸和其他有机含磷化合物的必需成分。

啤酒酵母的营养与其他酵母或其他营养物质的比较如表8-6及表8-7所示。

表 8-6　啤酒酵母与其他酵母营养成分比较

名称	蛋白质含量/%	脂肪含量/%	维生素 A /IU	维生素 B_1 /(mg/100g)	维生素 B_2 /(mg/100g)	烟酸 /(mg/100g)	钙 /(mg/100g)	铁 /(mg/100g)
啤酒酵母	46.8	2.6	200	2.2	5.4	44～49	138	21
食用酵母	53	1	200	16.8	4.2	32～47	84	21
面包酵母	47	2	200	3.2	7.4	32～42	42	26

表 8-7　啤酒酵母与精牛肉的比较

项目	干燥酵母	酵母浸膏	精牛肉
水分/%	5～7	25	64
蛋白质/%	45～50	41～45	28
脂肪/%	1.5	0.7	6
灰分/%	7	15～20	—
粗纤维/%	1.5	—	—
碳水化合物/%	30～35	1.8	0
磷/(mg/100g)	1200	1700	230
钾/(mg/100g)	2000	2600	400
钙/(mg/100g)	80	95	7
铁/(mg/100g)	20	3.7	3.5
热量/(kJ/100g)	704	749	703

2. 酵母的利用

啤酒酵母目前主要用于生产干酵母粉、酵母浸膏、核酸及其衍生物以及提供制备某些生化制剂所需的酶源。

（1）干酵母粉的制备　酵母粉系直接利用酵母菌体干燥而制得，其干燥方式有以下 3 种。

①滚筒干燥：这是最常用而简单的方法。两蒸汽加热滚筒，相距间隙为 0.254～2.54mm，并向相反方向转动，酵母浆经过滚筒间隙，加热成片状，然后研磨成粉。采用此法烘干的酵母粉，质量不够均匀，颜色深，有时会出现焦味。后酵酵母多用此法干燥。

② 热空气干燥：酵母泥经过 100 目细铜丝筛过滤，去除杂质；加 10℃ 以下水洗涤数次，每次洗涤，待酵母沉降后，放去上部清水，再洗第 2 遍，直至洗净为止。放去上部清水，将沉降的酵母泥压滤成块状压榨酵母。将块状压榨酵母压制成条，置于干燥箱内干燥之，干燥温度控制在 70～80℃。将干燥的酵母条置于具有蒸汽夹套的加热研磨机中，边加热边研磨成粉状。用热空气干燥的酵母质量较好，色泽浅，主发酵酵母常用此法干燥。

③ 喷雾干燥法：酵母浆从喷雾干燥器上部的喷嘴喷出成雾状，利用对流的热空气干燥之。因为酵母呈雾状，表面积大，迅速失去水分，随热空气和蒸发的水汽一同排出，经过一组旋风分离器而分离之。此法干燥温度虽然很高，但酵母所含水分蒸发的潜热足以防止酵母焦化和变性。所制之干酵母为粉状。

酵母粉在国内多压制成片用于医药，提供蛋白质和维生素，并作为一种能帮助消化的辅助药物而被广泛采用。

（2）酵母浸膏的制备　在国外，很大一部分酵母被制成酵母浸膏而作为人类的食品，或用于微生物培养基的制备。所采用的酵母全部是主发酵酵母。其制造过程可分 4 步。

① 自溶——细胞物质的溶解：这一步决定着产品的得率以及产品的风味和质量。作用的机制必须保证酵母细胞壁内的蛋白质最大量地转变为可同化和风味优美的食品。

活的酵母细胞内，绝大部分蛋白质是不溶性的，不能透过半透性的细胞膜而排至体外。所谓自溶就是控制有限的热量应用，既能杀死酵母细胞，又不破坏其蛋白酶活力，在控制一定的温度和 pH 值条件下，使酵母蛋白质被分解为可溶解的肽类和氨基酸。

② 分离——酵母菌体与酵母分解物的分离：酵母自溶产生了不溶性酵母菌体和可溶性酵母分解物的混合体，可采用离心分离机分离之。

为了分离完全和获得最大的分解物收获量，可采用 4 台离心分离机，连续洗涤分离 4 次。

离心分离完毕，菌体并未完全除净，可再采用板框压滤或真空抽滤的办法，使菌体分离完全。分离后的菌体仍可干燥之，作为饲料。

③ 去苦——去除不良成分：去苦的主要机制是采用吸收、吸附、离子交换、沉淀等措施，使苦味排除。此项技术并未公开。过去的老方法是在酵母自溶之前，采用 pH 缓冲液洗脱苦味物质（主要是异 α-酸），也能达到一定的去苦效果。

④ 蒸发——排除抽提物中的水分：蒸发的关键问题在于不使酵母抽提物的风味改变，酵母抽提物的浓度愈高，对热的敏感性愈强，很易导致风味改变，因此，酵母抽提物的蒸发应采用多效真空蒸发罐，使蒸发的沸点逐步降低。

（三）二氧化碳

1. 概述

二氧化碳是啤酒发酵的一项重要副产物。在主发酵过程中，二氧化碳大量地、集中地排放出来，不仅量大，而且质量好（表 8-8）。在密闭的发酵条件下，二氧化碳一般都要进行净化回收，用于后面工序排氧、背压、二氧化碳洗涤、二氧化碳充气、滤酒、灌装和压送酒液之用，不仅减少了酒液与氧的接触，同时也减轻了环境污染。

表 8-8　发酵排放二氧化碳成分

成分	二氧化碳	酒精	挥发酸	酯类	醛类
含量/%	99.20~99.50	0.50~0.75	0.005~0.007	0.0009~0.0018	0.0005~0.0020

在发酵过程中释放出的二氧化碳，含有嫩啤酒中一些挥发性杂质，如醇、醛、酯、酮、胺、硫化物等，这些杂质应在二氧化碳回收过程中，被压缩之前，应尽量排除干净。

二氧化碳回收时间，应在发酵开始 24h 后，即罐内所有空气基本被二氧化碳排出之后直至主发酵接近完毕时，停止回收。回收的二氧化碳纯度至少应达到 99.9%（体积分数）以上，方可用于后面的工序。

1t 直接从发酵罐排出的二氧化碳，约占体积 530m³，必须通过压缩、干燥和液化使其体积缩小 99% 以上，即 1t 气体二氧化碳液化为不足 1m³ 的液态二氧化碳，才便于贮存和运输及外销。

2. 制备液态二氧化碳的工艺过程

（1）制备液态二氧化碳的工艺流程　如图 8-7 所示。

回收时，二氧化碳先经过发酵罐旁的泡沫捕集器除沫，再经升压压缩机升压，将二氧化碳送入一大接触面积的水洗涤塔，洗去一切可溶性有机挥发物，然后进入一组活性炭吸附柱，吸附掉不溶性的挥发性有机物及杂质。然后，二氧化碳经二级压缩机压缩，冷却器冷却脱水，再经一组干燥塔进行干燥和去湿后，再

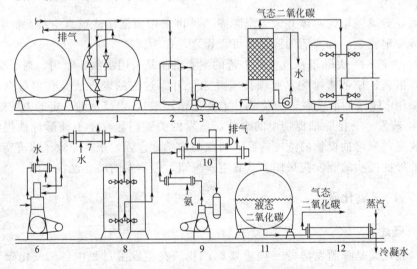

图 8-7　二氧化碳回收工艺流程图

1—发酵罐；2—泡沫捕集器；3—升压压缩机；4—水洗涤塔；5—活性炭吸附柱；6—二氧化碳压缩机；

7—二氧化碳冷却器；8—干燥塔；9—氨压缩机；10—二氧化碳液化器；

11—液态二氧化碳贮存罐；12—二氧化碳蒸发器

经氨压缩机压缩，经冷凝器冷却后液化，贮存于耐压贮罐内。使用时，液态二氧化碳经过一蒸发器，转变为气体后，经管道输送至使用部门。

（2）二氧化碳回收过程

① 发酵初期的二氧化碳中，混有大量空气，先应让其逸散至大气中，直至发酵罐内空气排净，此段时间约 24h。

② 二氧化碳排出发酵罐时的压力，必须超过二氧化碳流经水洗涤塔及其他有关净化设备所损失的压头，足以使其输送至二氧化碳压缩机。如压力不足，开启二氧化碳贮气囊的升压压缩机，使达要求的压力。

③ 二氧化碳贮气囊是一缓冲设备，用以保证二氧化碳产生的速率，和回收设备的能力保持一致。

④ 二氧化碳洗涤塔内装有陶瓷床，水从塔顶流下，经过陶瓷床，二氧化碳自塔底对流而上，使二氧化碳从发酵罐带出的大部分酒精和所有其他水溶性的有机杂质在洗涤塔洗涤时被洗除。

⑤ 洗涤后的二氧化碳进入装有活性炭的净化柱，用以吸附二氧化碳所含的不溶性挥发物质及杂质和残留的酒精，活性炭应定期以热空气或 175℃ 的过热蒸汽再生。

⑥ 净化的二氧化碳进入无油水冷的二级二氧化碳压缩机，在 1.75～2.1MPa 表压下进行压缩，压缩后温度可达 135～180℃。

⑦ 此被压缩的二氧化碳和水蒸气混合气体，在进行干燥之前，先经过一壳管式预冷却器，降温至 5℃，使大部分水汽在预冷却器中去除，然后进入干燥塔，在低温下去湿。

⑧ 干燥塔内装有经活化的氧化铝干燥剂，两塔轮换使用，此干燥剂也需定期（24h）用热空气或蒸汽活化。经压缩的二氧化碳所含水分，在进入冷凝器之前，应全部冷凝去除，否则会在液化装置、液态二氧化碳贮存罐中结冰。

⑨ 回收二氧化碳中所含的空气量应低于 0.2%，含空气越多，在后面排气时引起二氧化碳的损失也越大。空气在二氧化碳冷凝器的温度和压力下是不冷凝的，根据二氧化碳冷凝器的压力指示，需定时从二氧化碳冷凝器中排放空气。

⑩ 二氧化碳冷凝器是一壳管式热交换器，管内是冷却剂（乙二醇），管外夹套内是二氧化碳，二氧化碳冷凝后，利用本身重力，流入下面的液态二氧化碳贮罐内。

在 1.75MPa 和 2.1MPa 压力下，二氧化碳的冷凝温度分别为 −25℃ 和 −17℃，冷溶剂的温度应分别为 −33℃ 和 −25℃。这样低的冷溶剂温度与啤酒冷却使用的冷溶剂温度相差很多。二氧化碳回收的供冷问题应另设单独的冷冻系统。

液态二氧化碳的贮罐容量一般考虑供 3 天所需的贮备量，多采用卧式罐，位置紧靠冷凝器，避免二氧化碳冷凝后长距离输送。贮罐上设有标志，可以自动控制其液位。

在使用二氧化碳前，液态二氧化碳先经过一蒸发器，使二氧化碳蒸发，经过减压后分送使用部门。

通过以上回收方法，二氧化碳中的氧浓度可低于 $50\mu L/L$ 以下，相当于二氧化碳纯度达到 99.99% 以上，在 0.01% 的其他气体中，氧含量约占 30%。

有的啤酒厂，自己本厂使用的二氧化碳，回收时，只经过净化和压缩，以压缩气体用之于生产，而不经过液化，这样的二氧化碳空气含量则相对较高。

(3) 降低回收二氧化碳中氧含量的措施

① 尽可能减少从发酵罐进入二氧化碳回收装置的二氧化碳含氧量（二氧化碳纯度应 $>99.7\%$，体积分数）。

② 定时检查二氧化碳冷凝器，排放不能冷凝的气体。在二氧化碳液化过程中，不能冷凝的气体（氧、氮）浓度不断升高，如果不冷凝的气体浓度过高，将降低二氧化碳分压，必须进一步降低冷却温度，才能使二氧化碳继续液化。因此，应及时从二氧化碳液化器中，排除不可冷凝的气体（主要是空气），在排放的空气中，二氧化碳的浓度通常为 $90\%\sim95\%$（体积分数），就是说要损失很多的二氧化碳。

③ 在二氧化碳洗涤塔进水处，安置排氧水的装置，将水中含氧量从 $8\sim10\mu L/L$，降至 $0.20\mu L/L$，避免从洗涤水中带入氧气，这种排氧水装置，可使用回收的二氧化碳进行排氧。

④ 在二氧化碳液化器和二氧化碳贮罐之间，安装脱氧器，可以进一步降低二氧化碳的含氧浓度，但需增加投资和消耗能源。

采取以上措施，可将氧浓度降至 $5\mu L/L$ 以下，二氧化碳纯度可提高至 99.998%（体积分数），在二氧化碳液化器中排气时，二氧化碳的损失减少。

(4) 二氧化碳的可回收量　从理论上讲，每千克麦芽糖发酵后生成二氧化碳 $0.514kg$，每千克葡萄糖发酵后生成二氧化碳 $0.489kg$，如下式所示：

$$C_6H_{12}O_6 \longrightarrow 2C_2H_5OH + 2CO_2 + 热量$$

$$1kg \qquad 0.511kg \quad 0.489kg \quad 34.2kJ$$

啤酒发酵由于原麦芽汁浓度、麦芽汁组成及发酵度要求不同，二氧化碳产生的量也有差异。麦芽汁浓度愈高，还原糖愈多，发酵度愈高，二氧化碳的产量也愈高。一般说，由于发酵初期排放的二氧化碳含有大量空气，空气含量超过 0.2%，二氧化碳即不易液化，因此应先排放空气，至空气含量极低时，才开始回收。二氧化碳的回收率一般为 50% 左右，如表 8-9 所示。

表 8-9　二氧化碳回收与麦芽汁浓度关系

原麦芽汁浓度	$10°P$	$11°P$	$12°P$
可发酵性糖/(g/100mL)	7.2	8.2	9.0
二氧化碳理论产量/(g/100mL)	3.3	3.87	4.14
二氧化碳实际产量/(g/100mL)	2.8	3.2	3.6
二氧化碳回收量/(g/100mL)	约 1.4	约 1.6	约 1.8
回收率/%	约 50	约 50	约 50

（5）二氧化碳回收装置的规模

① 根据发酵罐的能力，二氧化碳回收装置应能回收发酵高峰期内所产生的二氧化碳。

② 由于回收二氧化碳和使用二氧化碳并非完全同步，应具备一定的液态二氧化碳贮备能力（约 3 天的回收量）进行平衡。

③ 二氧化碳的使用量伸缩性比较大，一般说，年产 10 万吨的啤酒厂，应具备回收 500kg 二氧化碳能力的装置。

参考文献

[1] http://lesson. foodmate. net/search. php? kw=％E5％95％A4％E9％85％92.

[2] https://www. baidu. com/s? wd=％E5％95％A4％E9％85％92&rsv＿spt＝1&rsv＿iqid＝0x99e5197c00052db7&issp＝1&f＝8&rsv＿bp＝0&rsv＿idx＝2&ie＝utf-8&tn＝baiduhome＿pg&rsv＿enter＝1&rsv＿sug3＝7&rsv＿sug1＝2&rsv＿sug2＝0&rsv＿sug7＝100&inputT＝2010&rsv＿sug4＝7951&rsv＿sug＝2.

[3] http://bbs. beersworld. com/.

[4] 管敦仪. 啤酒工业手册. 北京：中国轻工业出版社，2007.

[5] ［德］昆策著. 啤酒工艺实用技术. 湖北轻工职业技术学院翻译组译. 北京：中国轻工业出版社，2008.

[6] 程康. 啤酒工艺学. 北京：中国轻工业出版社，2013.

[7] 宗绪岩. 啤酒分析检测技术. 成都：西南交通大学出版社，2012.

[8] Caballero I, Blanco C A, Porras M. Iso-α-acids, bitterness and loss of beer quality during storage [J]. Trends in Food Science & Technology，2012，(1).

[9] van der Sman R G M, Vollebregt H M, Mepschen A, Noordman T R. Review of hypotheses for fouling during beer clarification using membranes [J]. Journal of Membrane Science，2012，(4).

[10] Brányik T, Silva D P, Baszczyňski M, Lehnert R, Almeidae Silva J B. A review of methods of low alcohol and alcohol-free beer production [J]. Journal of Food Engineering，2012，(4).

[11] Shokribousjein Z, Deckers S M, Gebruers K, et al. Hydrophobins, beer foaming and gushing [J]. Cerevisia，2011，(4).

[12] Vanderhaegen B, Neven H, Verachtert H, Derdelinckx G. The chemistry of beer aging—a critical review [J]. Food Chemistry，2006，(3).

[13] Sakamoto K, Konings W N. Beer spoilage bacteria and hop resistance [J]. International Journal of Food Microbiology，2003，(2-3).

[14] Bamforth C W. Nutritional aspects of beer—a review [J]. Nutrition Research，2002，(1-2).

[15] 余有贵，杨再云. 现代啤酒酿造用酶 [J]. 食品工业，2004，(4).

[16] 王家林，韩华. 酶制剂在啤酒酿造中的应用 [J]. 酿酒科技，2009，(11).

[17] 王志坚. 啤酒酿造用酶制剂选择与使用 [J]. 山东食品发酵，2012，(1).

[18] 易福生. 啤酒酿造用酶的品种与应用效果 [J]. 江西食品工业，2005，(3).

[19] 张桂芹，李东旭. 麦芽汁制备工艺要点浅析 [J]. 啤酒科技，2014，(8).

[20] 单守水，王家林. 浅论无醇、低醇啤酒酿造技术 [J]. 啤酒科技，2003，(9).

[21] 逯家富. 纯生啤酒的酿造技术 [J]. 农产品加工（学刊），2008，(12).

[22] 徐江. 回收硅藻土用于啤酒过滤的研究 [D]. 长春：吉林大学，2011.

[23] 王涛. 浅谈啤酒过滤过程中清酒溶解氧控制措施 [J]. 啤酒科技，2014，(10).

[24] 韩龙. 精细化控制啤酒过滤，提升啤酒质量 [J]. 啤酒科技，2012，(6).